魅力新疆 系列丛书

味道 新疆

刘 艳 编著

五洲传播出版社

图书在版编目（CIP）数据

味道新疆 / 刘艳编著 . -- 北京 ： 五洲传播出版社 , 2013.6
（魅力新疆丛书）
ISBN 978-7-5085-2523-5

Ⅰ . ①味… Ⅱ . ①刘… Ⅲ . ①饮食－文化－新疆 Ⅳ . ① TS971

中国版本图书馆 CIP 数据核字（2013）第 099140 号

味道新疆

编　　著：	刘　艳
审　　读：	艾力提·沙力也夫
图片提供：	付平，刘艳，罗彦林，石广元，新疆何杰摄影
	公司米琪，新疆思睿律师事务所李涛，CFP
责任编辑：	宋博雅
封面设计：	丰饶文化传播有限责任公司
内文设计：	北京嘉悦美印包装有限公司
出版发行：	五洲传播出版社
社　　址：	北京市北三环中路31号生产力大楼B座7层
电　　话：	0086-10-82007837（发行部）
邮　　编：	100088
网　　址：	http://www.cicc.org.cn　http://www.thatsbooks.com
印　　刷：	北京光之彩印刷有限公司
字　　数：	140千字
图　　数：	137幅
开　　本：	710毫米×1000毫米　1/16
印　　张：	9.75
印　　数：	1—3000
版　　次：	2014年8月第1版第1次印刷
定　　价：	48.00元

（如有印刷、装订错误，请寄本社发行部调换）

出版前言

新疆维吾尔自治区（简称新疆）地处中国西北边陲，面积166.49万平方公里，占中国国土面积的1/6，陆地边境线5600多公里，周边与蒙古、俄罗斯、哈萨克斯坦、吉尔吉斯斯坦、塔吉克斯坦、阿富汗、巴基斯坦和印度8个国家接壤，是古丝绸之路的重要通道。

新疆有长达数千年的文明史，自古以来就是一个多民族聚居和多宗教并存的地区。从西汉时期（公元前206年至公元25年）开始，它成为中国统一的多民族国家不可分割的重要组成部分。

新疆是中国5个少数民族自治区之一，现有55个民族成分，主要包括维吾尔、汉、哈萨克、回、柯尔克孜、蒙古、塔吉克、锡伯、满、乌孜别克、俄罗斯、达斡尔、塔塔尔等。2013年末，新疆总人口约为2264.30万人，其中少数民族人口约占61%。

新疆有数不清的名胜古迹，有充满传奇色彩的历史故事，有灿烂的民族文化、浓郁的民族风情、多元的宗教信仰；这里地处欧亚大陆腹地，有独特的自然条件，地形多种多样，风光雄浑壮美；这里物产丰饶，有丰富的矿产资源，牛羊成群，粮棉遍野，瓜果四季飘香……新疆是个散发着神奇魅力的地方！

为了让国内外的广大读者了解一个立体的、鲜活的、开放的新疆，我们编辑出版了这套"魅力新疆"丛书。本丛书共10册，分别介绍新疆10个方面的基本情况。希望本丛书能带您展开一段"魅力新疆"之旅。

2014年8月

目　录

引 言

新疆有好多个中国乃至世界之最！到底有多少个"最"？每个人都有自己的答案。

但是，谁都不会否认，味道新疆是最诱人的新疆！

对于很多喜欢旅游的人来讲，新疆在地理、风光、美食上兼具特色，是最稀罕的地方，也是最想去的地方！

从地理上讲，新疆是中国最大的省区，是接壤国家最多的省区，更是距海洋最远的内陆省区。

从风光上讲，新疆山川壮丽，风光秀美，地形奇特，原始粗犷，自然旅游资源以"高、新、奇、异、特"著称。特殊的地质构造和地理环境塑造了许多世界罕见、中国唯一的奇特景观。冰峰与火洲共存，瀚海与绿洲为邻。这里不仅风光旖旎，而且特产资源十分丰裕。在群山峻岭、绿洲戈壁之间，有着数不尽的"粮仓""肉库""油盆""煤海"。这里是世界上唯一一处古代四大文明的交汇地，是在太空奏响

壮美的新疆风光

的维吾尔《十二木卡姆》和传世经典名著《福乐智慧》的发祥地。举世闻名的"丝绸之路"在促进东西方交流的同时，也在新疆各地留下了众多饱含文化韵味的历史遗迹，成为中华民族宝贵的人文资源。独具特色的自然景观、历史文化遗存和多姿多彩的各民族民俗风情交相辉映，构成了新疆神奇而迷人的魅力。这里的土地富饶而美丽、广袤而神奇，这里的人民热情豪爽、好客多礼，这里是诗人的王国、画家的宝库、史学家的天堂、旅游者的乐园！

　　提起新疆，或许每个人都能数出几样甚至十几样有名的美食，但要是一口气说上 50 多种的话，您能吗？有一首脍炙人口的歌曲，以惊人的传唱速度席卷新疆的大街小巷。歌词里传唱着 50 多种新疆美食：辣子鸡、大盘鸡、羊肉串、黑抓饭、面肺子、米肠子、碎肉辣子拌面、馕坑肉、凉皮子、皮辣红……每一样，新疆人都耳熟能详。歌曲不仅唱出了新疆的美食名称，而且还唱出了味道最地道的美食街道名称，唱出了让人热血沸腾的味道新疆。这样的神曲您听过吗？来，听听这首歌，让它带领您走入美食的天堂。我想，您马上就能知晓味道新疆之最了！

您听，《新疆美食》：

这乌鲁木齐变化大了，你想知道撒？忙了一天回到家里，你想吃个撒？

二道桥、山西巷子你都去过了吗？大巴扎、红山你都去过了吗？

来到新疆逛一哈，听我给你说一哈：

吐鲁番的西瓜、鄯善的葡萄、哈密的红枣，吃了忘不掉，

库尔勒的梨子，和田的石榴……

如果你来旅游，别带你的女朋友，

满街的姑娘让你看了似火燎。

羊腰子的传说，你知道不知道，让你吃了晚上睡不着觉。

和田街的抓饭，你一定要尝：黑抓饭、白抓饭、后腿抓饭、素抓饭……

想吃鸡，打个的。问司机，没问题。

柴窝堡的辣子鸡、血站的大盘鸡、

黑抓饭　　　　　　　　　　　　　　　　　　　　　　辣子鸡

千年一绝干煸鸡，还有爆辣炖豆腐鸡。

吃了鸡，别着急。皮带面上拌上鸡，你才算是吃了鸡。

要说鸡，去昌吉。昌吉有个椒麻鸡，吃了让你笑嘻嘻。

再到小吃一条街，你就真的丰收咧！

凉粉、凉面、凉皮子、凉拌肚子、面肺子，小盘的漏鱼子，酸得让你眼睛眯成一条缝缝子。

羊蹄子、米肠子，上的都是大盘子。

两个人摆上一桌子，吃完你再掏票子。

这乌鲁木齐变化大了，你想知道撒？忙了一天回到家里，你想吃个撒？

二道桥、山西巷子你都去过了吗？大巴扎、红山你都去过了吗？

都说新疆羊肉好，烤的都是羊娃子。

孜然加上辣面子，吃了让你跳蹦子；

再来一杯卡瓦斯，你才明白啥叫新疆的儿娃子。

阿布拉的小伙子，一脸的大胡子，手里拿个火钩子，打馕靠的是馕坑子。

吃面就找白帽子，拉条子、炮仗子、大碗的揪子、二节子、韭叶子、酸酸麻麻的扁豆面旗子。

哎，来撒，来撒，来撒，你这坐！过油肉、丁炒面、碎肉辣子滚拌面，吃啥有啥啊！

你想知道啥？你想吃个啥？

二道桥、山西巷子你都去过了吗？大巴扎、红山你都去过了吗？

新疆的小伙子爱吃烤包子，个个都是大个子。

薄皮包子长得像个胖饺子。

看到烧烤的炉子，你就填填肚子。

烤肝子、烤肠子、烤肚子、烤蹄子、烤红肠、烤板筋、烤羊心、

马肠子

干煸炒面

烤肫子、烤鸡腿、烤牛筋、烤全羊、烤羊排、烤面筋、烤红薯，馕坑肉加皮辣红，你千万别错过。

以丝绸之路闻名于世的新疆，很早就是一个多民族聚居的地方。这里长期居住着维吾尔、汉、哈萨克、回、柯尔克孜、蒙古、塔吉克、锡伯、满、乌孜别克、俄罗斯、达斡尔、塔塔尔等历史悠久的民族。众多的民族形成了丰富而又独特的饮食文化。新疆干旱少雨，温差大，是典型的大陆性气候。这种自然地理环境使得蔬菜的品种和数量都较少，新疆因而形成了以牛、羊肉为特色的饮食文化。曾有人这样打趣说道："新疆的羊，走的是黄金道，吃的是中草药，洗的是温泉澡"；"新疆的羊肉，小伙子吃了壮得很，姑娘吃了漂亮得很"；"新疆的羊肉是男人的加油站，女人的美容院；男人吃了有力量，女人吃了更漂亮！"

美食飘香的新疆

馕坑里飞出的太阳

　　走进新疆，无论是在哪个季节，无论是漫步在城市的哪条街头巷尾，人们的目光都很容易被街边一种独特的食物所吸引：它大如锅盖，金灿灿、油亮亮的表面沾满芝麻，色泽诱人，并且散发出质朴的清香，不由分说地冲击着路人的视觉和嗅觉。这就是新疆维吾尔人在日常生活中不可缺少的最主要的食品，也是维吾尔人饮食文化中别具特色的一种食品，更是为新疆各族人民所喜爱的一种食品。它有一个很难发音的名字——馕。

　　有关馕的传说有很多，其中最广为流传的一种版本是这样的：很久以前，在浩瀚的塔克拉玛干大沙漠边缘，牧民们寒来暑往，长年累月游牧在塔里木河两岸。有时一出去，少则十天半月，多则一年半载，只好带着干粮上路。时常干涸的塔里木河不能为牧民提供充足的饮水。没过两天，身上的干粮就像戈壁滩上的石头，又干又硬；咬一口，门牙上直冒火星。一天，太阳刚出来，地上就像着了火，一丝风也没有。一些似云非云、似雾非雾的沙尘，低低地悬浮在空中，吸食着人们身上的每一滴汗水。空气中弥漫着羊毛被烤焦的味道。这时，吃草的羊学会了挖坑，将头钻进土里，却依然咩咩地叫个不停。牧羊人吐尔洪被太阳烤得浑身冒油，实在受不了了，就扔下羊群，一口气跑回几十里以外的家中。吐尔洪一头扎进水缸，出来一扑棱，头上的水立刻变

馕

成了水蒸气。他突然发现老婆放在盆里的一块面团，不顾一切地抓了过来，像戴毡帽一样严严实实地扣在了头上。面团凉丝丝的，舒服极了。这时，他又想起了扔在外面的羊群。太阳依然在燃烧，吐尔洪踏着龟裂的土地，朝羊群走去。走着走着，他闻到了股香味儿。他左看右瞧，不知何故。他一路小跑，香味儿却不离其后。不多时，吐尔洪被脚下的一条红柳根绊了一下，还没等跌倒，头上的面团滑落在地，摔得粉碎。香味儿越来越浓，布满了前后左右。吐尔洪随手捡起一块儿碎饼，放进嘴里细细品味：外焦里嫩，香脆可口，非常好吃。

"咚嗒依嗒……咚嗒……"吐尔洪哼着鼓点，一边嚼，一边脱下裕袢，把碎饼包起来，飞奔回村里。一路上，他见人就送上一块碎饼，等人家说声"好吃好吃真好吃"后，再继续前行。不知听过了多少遍"好吃好吃真好吃"，吐尔洪确认：这东西就是好吃。尝到香味儿的牧民兄弟得知来龙去脉，都纷纷效仿。这么好吃的东西总得有个名字

打馕

吧？为了区别于各种饼类，吐尔洪就把大伙儿召集到一起，集思广益。想来想去，还是他提议说："就叫它'馕'吧！"天不是每天都是晴的，在没有太阳的阴天，或是大雪纷飞的冬天，人们吃不到馕的时候，心里就特别难受。吐尔洪左思右想，想出了一个好主意。他在自家院里，挖了一个大坑，四壁用黄泥抹实，在中间烧起红柳根。等炭火通红时，把和好的面团贴到四壁上，不一会儿就馕香四溢了。"面脆油香新出炉"的烤馕味道比自然晒熟的更好了。

"馕"一词，其实是一种舶来品。据考证，"馕"的名称源于波斯语。在历史上，它还有其他称号。《突厥语词典》称"馕"为"尤哈"和"艾特买克"，中原人称其为"胡饼"。而"馕"字则流行在阿拉伯半岛、土耳其、中亚和西亚各国。由此可见，"馕"的名称来源于古代波斯。公元9世纪，定居下来的维吾尔人的祖先回鹘人把馕叫作"艾买克"，一直到伊斯兰教传入新疆后，因阿拉伯语和波斯语的流行才

馕坑

改称为"馕"。

馕在新疆有着悠久的历史，在中国的许多史料中都有记载。新疆维吾尔自治区博物馆陈列的吐鲁番出土的唐朝（618—907）的馕，说明在1000多年前，吐鲁番人就会做精细美味的馕了。中国历史上许多著名诗人在他们的诗篇中都描写过馕。白居易在《寄胡饼与杨万州》这首诗中写道："胡麻饼样学京都，面脆油香新出炉。寄予饥馋杨大使，尝看得似辅兴无？"贾思勰所著的《齐民要术》中摘录了《食经》关于做馕的技术资料，可见馕在中国食谱中由来已久。新疆有个顺口溜是这样讲的："一天不吃馕，心里就发慌；两天不吃馕，腿子如筛糠；三天不吃馕，敢骂老达当（爹）；四天不吃馕，准备拆房梁；五天不吃馕，就拜麻扎（坟墓）王。"可见，在新疆人的生活中，馕占据着多么重要的地位。在乡间，农民下地干活通常都是赶着毛驴车或是步行，中午不便回家吃饭，馕便是人们午饭的主要食物。在进餐之前，人们就把放在腰间的馕拿出来，扔在从天山深处流出的纯净的渠水中，让馕慢慢漂游，而人们坐在白杨树下休息，边聊天边驱除身心的疲劳。待干馕随着渠水漂过来的时候，也就温软了。就着刚从地里摘下的可以生食的新鲜蔬菜或是砸开一个西瓜，一手馕，一手蔬果，吃得有滋有味，这就是一顿简单的绿色午餐。吃完再高歌一曲，让悠扬的歌声盘旋在高高的白杨树间。那时的绿洲充满了欢乐和惬意。

馕为什么会受到人们的青睐？随着在新疆居住时间的延续，我逐渐明白了馕不仅仅是一种烤制的面饼，更是人们对于新疆这种特定环境的理解，是在长期的生产生活中总结出的智慧的结晶。记得有一次去上海出差，一行人中有十几位都是少数民族。由于出差时间较长，他们每个人在临行前都带了许多馕和方便面。这一路上，他们的主要食物就是馕，外加榨菜、鸡蛋或者新鲜的蔬果就能作为一顿正餐。吃着吃着，他们自然就哼起了《我们新疆好地方》《阿娜尔汗，我的黑眼睛》《达坂城的姑娘》等脍炙人口、朗朗上口的新疆民歌。虽然出差的日子要忍受旅途的劳顿，而且对于他们来说，在上海也很少有清真食物可供享用，但他们却保持着良好的心态，把这次出差当成开阔眼界、陶冶性情的机会。时常向您投来的微笑也许胜过很多言语，因为这是一种内心态度的流露。在他们看来，生活中只要有馕和茶相伴，就等于生活有了依靠。吃着家乡的馕，嘴里和心里弥久不散的是融入了家乡阳光、泥土和雪水的香味；带着馕远行，就等于带着故乡上路。有什么能比有故乡的味道相伴更加幸福的呢？

随着社会的不断进步，人们对味道的需求也越来越趋向多元化。很多人追求食物的珍奇与美味，但略带固执的我依然认为，散发着浓浓麦香味的馕才是食物中最本真、最可靠、最让人感到温暖的。它不仅仅是填饱肚子和满足味蕾的需要，还是一种生活智慧的积淀和饮食传统的延伸。

馕见证和书写着西域人几千年的历史，人们也把馕的历史妆扮得

各式各样的馕

街边的烤馕店

绚丽多姿。现在，馕的家族越来越庞大。据不完全统计，馕的品种至少有 200 种以上，各地区甚至各县乡的做法都不同，各民族还有一些自己独特的做法。分类方法和依据各有不同，主要有以下几种：

馕按照原料不同，分为面馕和馅馕两大类。其中，面馕可以分为白面馕、大麦馕、荞麦面馕、玉米面馕、高粱面馕等；馅馕可以分为肉馕、油馕、奶子馕、皮芽子（洋葱）馕、羊油渣馕、甜馕、咸馕、芝麻馕、菜馕、南瓜馕、葫芦馕、土豆馕、果汁馕、核桃馕等。

馕按照形状分类，分为窝窝馕、圆形饼馕，以及香蕉形、葡萄形、蛇形、鸟形、鱼形、鳄鱼形等的馕，还有按照维吾尔民族乐器"热瓦甫"形状打制的馕。

按照馕的大小分类，最大的馕是库车县的"艾曼克"馕，中间薄，边沿略厚，大如车轮，中央戳有许多花纹，直径足有 40—50 厘米。这

库车大馕

窝窝馕

种馕平均一个要用 1 公斤左右的面粉。库车的"艾曼克"馕不仅被称为最大的薄馕，而且还走进了中央电视台热播的大型纪录片——《舌尖上的中国》。节目以馕的出现为例，解释了原材料小麦如何从西亚传入中国，展现了馕带给人们饮食上的满足。最小的馕是"托喀西"馕，精致而秀气，直径约和一般的茶杯口那样大，厚约 2 厘米；还有更小的，就像点心一样，颜色焦黄悦目，香气扑鼻，而且味道香甜，营养丰富。还有一种直径约 10 厘米，厚 5—6 厘米，中间有一个洞的"格吉德"馕，汉族人叫它"窝窝馕"，因馕中间有一个窝窝而得名。这是所有馕的品种中最厚的。由于"格吉德"馕体积小、易存放、便于携带，因此，大多数维吾尔人都喜欢吃这种表面光滑、颜色焦黄的馕。而打窝窝馕技术最高的还是喀什地区的维吾尔人，他们做馕既不叫擀，也不叫揉，而叫"打"。这一个"打"字就形象地揭示了维吾尔人做馕的手艺精髓。目前，维吾尔人的馕还被列入了新疆维吾尔自治区第二批非物质文化遗产名录，馕的制作技艺得到了保护和传承。

馕按照做法分类，除了用发酵的面外，也有用不发酵面的。"喀克齐"馕和"比特尔"馕就是用死面做的。面里要和上羊油或清油，将其擀薄后烤制而成。"喀特玛"馕也是用死面和油，不过加工更为精细，用一层面、一层油拧在一起，擀薄后烤制而成。这些馕都具有香、脆、酥和久放不变质等特点，也叫油馕。逢年过节或是遇到喜事，维吾尔人常做这种馕来招待客人。如果到库车县的维吾尔人家中做客，他们会把馕从最大到最小依次摞起来，摆成塔形，放在桌子的中央，既叫您饱尝，也叫您开开眼界。一般的馕表面上要放些洋葱和芝麻，不仅好看，也很好吃。还有一种甜馕叫"西克曼"馕，制作时把冰糖水均匀地涂在馕的表面，烤熟后结有透亮的冰糖晶体，在阳光下晶莹夺目，叫人垂涎欲滴。

在馕的众多品种中，要数"果西"和"果西格尔德"最好吃了。"果西"馕是肉馕的意思，它的做法是先将发面擀薄，再把羊肉切碎，放上洋葱、盐、孜然粉和胡椒粉等佐料，然后卷起来，再压扁擀薄，放在馕坑里烤，大约十几分钟就能烤熟。另外一种做法是油炸：先将发面擀成圆形的薄饼，一般直径在30—40厘米，把提前准备好的肉馅均匀地铺在上面，再擀同样大小的薄饼盖在上面，边沿用手捏紧或是捏成好看的花纹，防止肉馅露出，然后放在油锅里炸，待双面成焦黄色时即熟。做好后，切成片，放在盘子里，请客人享用。馕坑里烤成的肉馕和油锅里炸出来的风味不一样。烤肉馕要比油炸肉馕小，而且皮厚、馅少。不管"果西"馕怎么做，吃起来都是又脆又香，十分可口。

"果西格尔德"馕是带肉馅的窝窝馕。这种馕形状似馒头，直径有12—13厘米，高有7—8厘米，

肉馕

和田街景

在馕坑里烤制而成。其味香甜可口，油而不腻，是和田独特的美食。和田位于新疆最南端，以盛产美玉驰名中外，而这里的"果西格尔德"馕与美玉一样久负盛名。我曾经去过和田，听到当地的维吾尔老百姓唱过这样一首民歌："水是雪山上的水，肉是羊身上的新鲜肉，洋葱是刚从菜园里摘下的。尝尝用这种馅做成的玉龙喀什的'果西格尔德'。"因此，来到和田，当地人都会带您去尝尝那里的"果西格尔德"馕。做"果西格尔德"的原料是很讲究的，必须要用新鲜的和田羊肉，肥瘦要合理搭配，肉块大小要适中，洋葱也不宜太多，这样拌出来的馅才好吃。还有一点很重要，切记要用木材做燃料。这样，馕坑里的火才能把"果西格尔德"烤成焦黄色、烤透，味道就会很好。传统的"果西格尔德"也被人们称作"黑白果西格尔德"，它的馅主要是用新鲜羊肉、洋葱、胡椒粉和盐拌成。而到了夏季，在馅里又可以增加新鲜的辣椒和西红柿，使之味道更加可口，人们把这种创新的"果西格尔德"称为"彩色果西格尔德"。无论是传统的"果西格尔德"，还是创新的"果西格尔德",都是令人垂涎欲滴的美食。

《汉书·西域传》对于和田是这样记载的:"皆种五谷,土地、草木、畜产、作兵,略与汉同。"这说明和田地区很早就开始养羊。和田特有的美食——"果西格尔德"除了采用传统的工艺制作之外,还与和田羊的肉质有密切的关系。和田羊长期生活在荒漠和半荒漠草原的生态环境下,是短脂尾异质半粗毛羊。其毛被两型毛多,长而均匀,弹性、光泽和洁白度好,以能生产优质地毯而著称。和田羊长期吃琵琶柴、合头草、羽茅、锦鸡儿等含盐碱的植物,使羊肉变得鲜嫩而不膻。这大概也是和田"果西格尔德"馕特别好吃的一个原因吧!

维吾尔人的馕大部分在馕坑里烤成。馕坑可设在院子里或家门口,其燃料大都用柴,现在也有用无烟煤的。由于地区不同,馕坑的形式和材料也不同,各具特色。馕坑的大小是根据家里的人数来定的,一般分为大、中、小3种型号。馕坑一般是用羊毛和入粘土砌筑成的,高约1米,形状如同倒扣的宽肚大水缸,肚大口小,底部架火并留有通气口。馕坑通常是夯土结构,四周用土坯垒成方形土台,以便打馕人在上面操作。南疆一些地区则选用当地的硝土做馕坑坯,乌鲁木齐地区以及一些城市的居民则用砖块做馕坑坯。在农村、乡镇,几乎家家都有馕坑,妇女个个都会打馕。维吾尔人除了用馕坑来烤馕外,有时还会在馕坑里烤羊肉或羊腿。馕坑里的温度达到打馕的温度时,一般要向馕坑四周喷洒盐水,原因有两个:一是稍稍降温,防止将馕烤糊;二是增加馕坯与馕坑壁的粘贴度,防止馕从馕

形似乐器的馕

坑壁上脱落。同时，利用出风口和进风口调节馕坑的温度，使其保持相对稳定。

2004 年 4 月 20 日，号称"世界上最大的馕坑"在吐鲁番市葡萄沟瓦孜风情园内建成。这个馕坑建在山坡上，直径 10 米，高 8 米，看上去有一间房子大小；不仅能打馕，还能同时烤制 1 匹骆驼、2 头牛和 10 只羊，可供上百人同时进餐。每年吐鲁番举行葡萄节，都会引来很多游客到这里参观。在馕坑里烤制各种食物，为葡萄节增色不少。

在一些场合里，馕还表达着特殊的含义。维吾尔人把馕看作吉祥物和幸福的象征。比如，男方向女方提亲时，不仅把衣料、盐和方块糖当作见面礼，还必须有 5 个馕。在结婚仪式上，会安排一位姑娘双手捧着托盘，上面放着一碗盐水，盐水里泡着两块馕。姑娘要站在新郎和新娘的中间，让他俩抢着吃下这两块象征着甘苦共尝、白头偕老

葡萄沟

的盐水馕。此时，新郎新娘争先下手去捞碗里的馕。谁先捞到馕，就表示谁对爱情最忠贞。"该出手时就出手"，抢馕成为婚礼中的第一个高潮。

馕包肉

特别值得一提的是一道很有名的新疆特色小吃——馕包肉。它属于新潮小吃品种，食用方式也非常多样化，不仅登上了清真宴席的大雅之堂，而且作为一种名菜供中外宾客品尝。馕包肉这种面肉合一的风味美食非常能代表新疆的传统民族特色，在新疆各地都能吃到。由于不同的制作方式，馕包肉口感上存在一定的差异。就全疆而言，在我的印象中最好吃的莫过于和田的馕包肉，风味独特，齿颊留香，回味悠长。

随着生活水平的日益提升，馕的影响力也在不断扩大，人们对于馕的认识越来越深刻。馕的历史中所蕴含着的积淀、透露出的文化，让我们认识了一个地域、一个时代隐匿在其中的简朴而睿智的大美，让我们领略了一幅人类生存、发展、繁荣的历史画卷。馕，已成为新疆各族人民喜爱的美食。从馕坑里飞出的太阳，昭示了生活的美丽和坚韧！

鲜嫩香辣的烤羊肉串

"烤羊肉串嘞！尝尝新疆的羊肉串！"1986 年中央电视台的春节联欢晚会上，陈佩斯和朱时茂合作表演的小品《烤羊肉串》一经播出，使得这一新疆风味小吃声名大噪，踪迹遍及全国，甚至连打着嘟噜的走调普通话都流行起来。

烤羊肉串　　　　　　　　　　　　　　　　架子肉

　　追溯烤羊肉串的历史，大概是在人类发现火以后，就开始用火炙各种猎获的动物吃。那时没有工具，也没有什么调料。据中国的一些史料记载，古人都有"炙""燔"肉的嗜好。西汉（前206—公元25）时期的马王堆一号墓中，出土了有关饮食的遗策，其中就有"牛炙""犬肋炙""豕炙""鹿炙""鸡炙"等烤动物肉的资料。特别是山东诸城县凉台的东汉（25—220）孙琮墓内出土的《庖厨图》中，其烤肉的工序、工具等与现在新疆的烤肉有着十分密切的联系。

　　烤羊肉串，维吾尔语称之为"喀瓦甫"。新疆烤肉的种类很多，主要有烤羊肉串、红柳烤肉、馕坑烤肉、架子肉和炒烤肉等。随着时间的推移，烤肉也有了些创新之处。除了一般的烤羊肉串之外，还有竹签羊肉串、网油羊肉串，有的还用油炸，原料基本相似。有时候，在上炉烤之前，为使羊肉更加鲜嫩，还把羊肉沾上蛋清和荧粉调成的糊。烤肉的做法不论如何改进和创新，还是以维吾尔人的传统烤羊肉串最富特色，既是街头的风味小吃，又是可以上席待客的美味佳肴。

　　为什么新疆的烤羊肉串风味如此独特呢？我想，真正的原因应该有两个。首先，新疆羊的品种优良，这是和新疆的水草条件有着密切关系的。新疆民间盛传这样一个段子："新疆的羊走的是黄金大道，吃的是天然中草药，喝的是矿泉水，肉能不香吗？新疆的羊全身都是宝，拉的是六味地黄丸，尿的是太太口服液。即使肉凉了，也不会有膻味，嘿嘿，你能不吃吗？"每当听到这个段子的时候，作为新疆人的我总是很骄傲。这种骄傲当然不是没有道理：比起内地大多数吃人工饲料长大的羊，新疆羊的品种和饲养条件都不一样，其肉的味道怎么会一样呢？其次，新疆烤羊肉串选用了特殊的调味品——孜然。孜然（维吾尔语 Zire 的音译）也叫安息茴香、野茴香，研成粉后口感风味极为独特，富有油性，气味芳香而浓烈。它主要用于调味，是烧、烤食品必用的上等佐料。用孜然粉加工羊肉，可以祛腥解腻，并能令其肉质更加鲜美芳香，增加人的食欲。这两个得天独厚的条件，其他地区是很难具备的。

"烤肉，烤肉，新鲜的烤肉！走过路过不要错过哦……"走在新疆的大街小巷，您随时可以听到卖烤肉的维吾尔小伙子们不停地吆喝。他们把新鲜的羊肉切成小块，肥肉和瘦肉分开切，然后将切好的羊肉块一个个串在细铁钎上。串肉的秘诀在于肥瘦搭配，要两瘦一肥地串。这样的烤肉肥瘦相间，吃起来不仅不会感到油腻，相反还有油香味呢！将串好的烤肉放在长形的烤肉架上烤，架上的木炭必须是烧红的。然后，当您听到烤肉噼里啪啦作响的时候，再均匀地撒些盐和已经碾磨

特色烤肉

烤羊肉串

串烤肉

炒烤肉

成粉末的孜然。烤制的时间很重要，要让烤肉两面均匀受热，不然会烤得一半生一半熟的。在烤制的过程中，要不停地用扇子扇，这样可以使烤肉下面的木炭烧得旺一些，也不会让冒出来的烟熏着自己。当烤肉的香味飘到四周的时候，即使不太饿的人闻到了也会走不动路，忍不住坐下来尝一尝。有时，再要上一两个馕，将烤好的羊肉串放在馕上，然后抽去细铁钎，真是别有一番风味。炒烤肉也是由此逐步演变而来的。当时，为了尽早使烤羊肉串走出本土，被更多的人接受，也为了更加方便卫生，师傅们将烤的方法改为炒。从科学饮食观上讲，炒烤肉没有炉火烤肉的那种烟熏味和油烟中对人体有害的成分，相对而言，营养成分丰富。炒烤肉制成后，不仅外观色泽红亮，而且味道鲜嫩可口。

在新疆，无论在城市还是乡间，庭院还是巴扎（集市），随处可见烤羊肉串。可见，它受到了广大老百姓的青睐。在内地省区，很多新疆人都摆起了烤羊肉摊，吆喝着："新疆的羊娃子肉，没有结过婚的羊娃子……"以风趣幽默的语言来招揽生意。在众多以卖羊肉串为生的新疆人中，有这样一个巴郎子，他生活并不富裕，却因为急公好义、乐善好施，被新疆人民亲切地称为"好巴郎"，被贵州人民誉为"烤羊肉串的慈善家"。他就是新疆维吾尔汉子阿里木。10年如一日，他坚持用卖羊肉串的微薄收入资助贫困学生的故事，感动了成千上万人。2013年4月20日，四川雅安芦山县发生7.0级地震。阿里木与同伴们连夜打了2000个馕，从乌鲁木齐奔赴灾区，也带去了新疆各族人民的一片爱心。

在新疆，虽然每个地区都有烤羊肉串，但是烤的方式却是截然不同的。最原始的烤羊肉串是红柳烤肉。红柳是生长在沙漠和戈壁滩上的一种常见植物，极耐干旱，广泛分布于中国新疆、内蒙古和甘肃等地。它的枝干外面有一层红红的树皮，叶子极像柳叶，秋天会开很多粉红色的花，远远望去，好像一团团粉红色的云朵，使荒寂的世界生出盎然。也许，红柳这名字就是由此而来的吧。红柳烤肉，顾名思义，就是取小指粗细的红柳枝条，截成六七十厘米的长短，再把剁好的乒乓球般大小的肉块穿上去烤。在烤的过程中，红柳中的油脂会分泌出一种特有的香味，使得肉质鲜嫩。红柳烤肉外表酥脆，咬下去都是肉汁，口感一流。

还有一种"米特尔喀瓦甫"（意为1米长的羊肉串），这种巨型

巴扎的小吃摊前人流如潮

23

羊肉串在墨玉县、库车县和乌鲁木齐市二道桥市场等地均有烤制。不过细细想来，还是要数南疆库车县的最正宗。这种羊肉串不仅肉块要大得多，而且长度也是普通羊肉串的一至两倍。在那1米长的钎子上，足足串了十几块肉，算来也有半公斤多重，吃起来真叫一个过瘾。要是这时候再来一盘子黄面，面和肉一起吃，辣辣的、酸酸的，还有浓浓的肉香味刺激着您的每根神经，回味无穷。

俗话说："不到喀什，不算到新疆；到了喀什不吃馕坑肉，只能算白跑一趟。"可见，新疆最地道的馕坑肉在喀什。作为一个地地道道的新疆人，我第一次去喀什还是2005年。喀什作为南疆最大的城市，各路美食自然是荟萃其间。去时又恰逢金秋瓜果丰收之季，美食更是随处可见。在当地朋友的陪同下，我们径直到了艾提尕尔清真寺后面的一个小店里。幸亏我们到得比较早，不一会儿就看到店门口排起了一条长龙。店门前的架子上挂着已经宰好的羊，旁边有个1米多高的馕坑。小店不大，就像南疆其他饭店一样，略显杂乱。坐在桌边，

热闹的烤肉场面

闻着孜然特有的香气和肉香，喝着茶水，满心期待着即将出炉的馕坑肉。这是一种多么雀跃的心情！出于好奇，我走到外面看老板如何烤制馕坑肉。只见他手持一把英吉沙小刀，先将羊肉切成拳头大小的块，用鸡蛋、姜黄、胡椒粉、孜然粉、精盐、上等面粉等十几种调料和香料

馕坑肉

混合拌成糊状，均匀地抹在肉块上，然后把串好的羊肉一串串挂在馕坑中，贴近馕坑内壁，堵住坑口，连焖带烤。大约过了半个小时，老板打开馕坑，香气四溢，用"十里香"形容都不为过。这时的羊肉块比生着的时候小了一些，但颜色金黄、油亮生辉。我赶紧拿起一串咬了一口，真是外焦里嫩、鲜香可口啊！

　　说到馕坑肉，就不得不提和它同属于皇家美食的架子肉了。在喀什，随处可见的烤肉摊子、大小馆子，也都少不了这道美味。但朋友告诉我，要吃正宗的架子肉，就得到喀什岳普湖县达瓦昆。据当地老百姓讲，达瓦昆还有一个美丽的传说：3世纪末，铁力木国王带领女儿达瓦昆为百姓找水，在沙漠边缘挖了很多天，却什么也没有挖到。达瓦昆就瞒着父亲，独自在夜里挖，终于挖出了水。最终，公主达瓦昆也化作一湖碧水。这片如宝石般的湖泊正位于喀什地区岳普湖县境内著名的沙漠旅游胜地达瓦昆。这里吸引人的除了风情诗般的西部美景外，始终挥之不去的就是那风味独特的架子肉香。架子肉

架子肉

在岳普湖民间流传至今，已有100多年的历史。据当地一位经营架子肉烧烤的老板阿不都拉说，架子肉的味道和烤制方法与一般烤肉不同，关键在于肉的腌制和烤架。做架子肉要选当地所产嫩羔羊中精瘦的那部分肉，用英吉沙小刀将肉切成块，把调料镶入肉中，在肉的表面涂一层祖传的特殊料汁，腌制25分钟后，将入味的肉挂上架，放入特制的圆台体的铁架和密封的馕坑中烘烤。这样烘烤没有一般烤肉的烟熏火燎，让肉在恒定的温度下均匀受热，旋转着烤上20分钟，一架香喷喷的架子肉就出炉了。烤出来的肉色泽金黄，肉香四溢，令人垂涎欲滴。金秋喀什行，给我留下深刻印象的，当属达瓦昆的架子肉了。并不是因为架子肉比馕坑肉更加鲜嫩可口，而是盛架子肉的容器不是常规的碗、盘、碟，而是造型独特的金属架子。

餐桌上的金字塔

相传在1000多年前，有个叫阿布艾里·依比西纳的医生。他晚年的时候身体很虚弱，吃了很多药也无济于事。后来，他研究出了一种饭，进行食疗。他选用了羊肉、胡萝卜、洋葱、清油、羊油和大米，加水加盐后小火焖熟。这种饭色、味、香俱全，很能引起人们的食欲。他早晚各吃一小碗，半个月后，身体渐渐地恢复了健康。周围的人都非常惊奇，以为他吃了什么灵丹妙药。后来，他把这种"药方"传给了大家，一传十，十传百，便成为现在的抓饭了。清代（1616—1911）诗人萧雄在《饮食》中也写到："饼饵深黄饭粒香，烹羹烙片具牛羊。只嫌一箸无从借，染指传瓢绕席忙。"其中就提到了"抓饭"。作者在注释中说："以手摄食之，谓之抓饭。遇喜庆事，治此待客为敬。"不论是古代传说，还是清代诗词，都充分说明抓饭在新疆的历史悠久。

　　抓饭是维吾尔和乌孜别克等民族食用大米的主要形式，维吾尔语称"婆罗"，以羊肉、大米、清油、胡萝卜、洋葱等为主要原料，经过炒、煮、焖等烹调方法做成。做出来的抓饭油亮生辉，香气扑鼻，营养十分丰富。胡萝卜是抓饭的核心，被人们称为"小人参"和"地参"，药理上具有补气生血、生津止渴、安神益智之功效。洋葱，新疆人称为皮芽子，也是抓饭中必不可少的一种调味品，含有大量蛋白质、氨基酸、糖类，还含有硫醇、二硫化物、三硫化物等多种成分。从药理上讲，它具有祛风、发汗、解表、消肿，治感冒风寒、头痛鼻塞、中风、面目浮肿、痢疾之功效。现代科学证明，洋葱还具有溶解血栓的功用。所以，欧美国家称洋葱为蔬菜中的皇后。新疆的穆斯林群众将这几种食物配料进行有机组合后，由于所用的原料营养丰富，就成了一种滋补性极强的饭食。因此，抓饭被维吾尔人称为男人的"布尕孜"（养料），亦

抓饭

制作抓饭

被新疆的汉族人称为"十全大补饭"。

早就听说喀什地区疏附县有个老板买买提·依明和他名不虚传的三代抓饭，但一直没有机会去尝尝。2008年的夏天，我有幸去了这座县城，当然不能错过品尝这样享有盛誉的抓饭的机会。买买提·依明的抓饭店就在金巴扎路上，大概90平方米，里外两间。我们驱车赶到的时候已经快中午了，客人络绎不绝。一进小店就闻到了一股香味，让我顿时食欲大增。那油亮生辉的抓饭果然不一般，香气四溢，味道可口，我这才相信传言并不夸张。买买提·依明告诉我，他是家里做抓饭的第三代传人，第一代是他的爷爷买买提·肉孜，第二代是父亲祖农·买买提。不过，爷爷和父亲的运气远不如他好。解放初，由于当时的政策原因，父亲的抓饭馆没开多久就关闭了。改革开放初期，买买提·依明用当时身上仅有的50元钱，支起了抓饭摊。凭借着勤劳和智慧，10来年后，他就成了百万富翁。不仅如此，他还挂起了"维吾尔族三代抓饭"的牌子，一直营业至今。说到抓饭，我问他有什么秘诀。他笑了笑，告诉我说："没有什么秘诀，主要是原料要好。大米、羊肉必须要新鲜的，最好是一两岁的羯羊；要用植物油，而不用羊尾油。肉放得多少、每一种原料放的时间和程序都和饭的口感有一定的关系。如黄萝卜放的数量和炸的时间对抓饭的味道都有一定的影响。黄萝卜要放得多一些。燃料要用干杏木、桑木、胡杨木的柴火。"我问："为什么要用柴火做燃料呢？"他说："这些柴火燃烧时间长，火力稳，容易控制炉温，不易糊锅，焖出来的抓饭香。这是长辈们总结出的经验。"吃完饭后，好奇心驱使我想去厨房看看。刚走进厨房，就看到买买提·依明的妻子依巴古力·艾则孜正在切肉，旁边还放着一台秤，她每切一块都要放在秤上称称。我很奇怪，问她为什么要这样做。她说："大家掏的钱都一样，所以吃到的肉也要一样，每一块肉的重量都要一样。"这三个"一样"，是童叟无欺理念的体现，我想大概也是他家店生意好的原因之一吧！远道来新疆的客人们，千万别忘了去尝一尝"维吾尔族三代抓饭"！

抓饭是新疆维吾尔人的一道名馔，几乎遍及天山南北，风味各不

等待抓饭出锅

准备黄萝卜　　　　　　　　　香喷喷的抓饭要出锅

相同，选料往往因地、因时、因人而有所不同。除用羊肉做抓饭外，还可用牛肉、鸡肉、雪鸡肉、牦牛肉、骆驼肉等来做抓饭。甚至有一些抓饭不放肉，而用葡萄干、杏干、瓜干等干果来代替，称为甜抓饭或素抓饭，风味更加独特。更有趣的是，由于地区的不同、生活习惯的差异，南疆和北疆的维吾尔人做抓饭的方法也不完全一样，而且在不同的季节做不同的抓饭。到了夏秋季，维吾尔人吃抓饭的花样可就更多了。南疆的维吾尔人喜欢在抓饭上放"毕也"（榅桲）或苹果，使抓饭透出淡淡的果香。有的干脆在抓饭上面放些用粉条、白菜、西红柿、辣子等炒的菜，称为"菜朴劳"。边吃抓饭边吃菜，又方便又可口。最为有趣的吃法是将酸奶倒在做好的抓饭上面。这种吃法别具风味，既是上等的充饥之食，也是消暑解热的理想美食。还有一种抓饭叫鸡蛋抓饭，就是当抓饭快熟时，在抓饭上面掏个鸡蛋大小的洞，然后把鸡蛋打在里面。等抓饭焖熟时，鸡蛋四周沾满了米粒，吃起来特别香。如今，在城市里用来招待贵客的抓饭还数"阿西曼塔"——在每碗抓饭里放上五六个薄皮的肉馅包子，人们将它称作抓饭包子。抓饭和薄皮包子都是维吾尔人的上等饭，把这两者合在一起，真是好上加好，锦上添花。只有来了贵宾和亲朋好友，主人才会做这种饭来招待客人。这样也使得礼尚往来的社交场面显得文雅、得体。抓饭不仅是维吾尔家庭常食的美味，也是逢年过节、婚丧嫁聚的日子里，用来招待亲朋好友的理想食品。

抓饭为什么要用手抓着吃呢？还记得上大学的时候，班里有很多来自四川、天津等内地省市的同学。他们告诉我，在来新疆上学之前就知道"抓饭"，猜想是因为新疆地处偏远，当地人生活困难，没有钱买筷子、勺子等餐具，所以就直接用手去抓；又或是因为米饭供应比较紧张，一盘饭端上来，人们用手去抢，直接往自己的嘴里塞。我听了哈哈大笑起来，接着就告诉他们"抓饭"一词的由来。首先，饭前要洗手，才能用手抓着吃。然后，将拇指弯曲并向掌心，其余四指则伸直，将抓饭和肉块抓在一起，顺着盘边来回抹两下，抓饭自然就变成一团，嘴一张，手一送，吃进肚里。这种功夫可不是一蹴而就的，需要长期的实践和积累才行。不然抓饭没吃多少，米粒却撒得到

色香味俱全的小锅抓饭

薄皮包子

热火朝天吃抓饭

处都是。据了解，人的手指和手掌上有许多骨关节，还有劳宫、中冲、尚阳、少商、鱼际等十几个穴位。这些穴位通过手掌和手指的活动以及热抓饭的刺激，可以消炎活血，缓解手指麻木、头痛等症状，不仅可以使人精神振奋，而且可以增加食欲。其次，抓饭一般盛在大盘里，黄色饭粒高高隆起，像是金字塔，肉放在饭上。按习惯，一般3个人一盘，大家围坐一圈。吃饭时，每个人只吃自己面前的饭，而不会"越界"乱抓乱吃。同时也备有筷子、勺子和小碗，每个人可根据自己的习惯选择。

既然说了新疆抓饭，那么就不得不提一道配抓饭的凉菜——"皮辣红"。"皮辣红"在新疆还有一个名字，叫老虎菜。维吾尔人管洋葱叫"皮芽子"，按照新疆人直爽的表达方式，只用3个字就把这道菜的内容涵盖了：皮芽子＋辣椒＋西红柿＝皮辣红。抓饭与老虎菜的搭配是既科学又合理的。原因有三：首先，洋葱被誉为蔬菜中的"皇后"，有极高的药用价值，有助于降血压、抗动脉硬化、减少血栓和降低血脂。吃羊肉抓饭，如果配上洋葱，刚好助消化、解油脂。其次，辣椒含姜辣素，有刺激胃黏膜和汗腺的作用，还含有丰富的维生素 C。最后，西红柿既是水果又是蔬菜，最重要的是含有大量番茄红素，既能增加食欲，又能协助洋葱软化血管，还能预防前列腺癌。

皮辣红

外酥里嫩的烤全羊

新疆的饮食有着自己独特的风味，新疆美食的名称大都以"烤"字当头，如：烤全羊、烤羊肉串、烤馕、烤羊肝、烤羊心、烤南瓜、烤鸡蛋、烤包子等。也许您会问：新疆这么多的特色美食，谁是它们的"大哥大"？我想，当之无愧的应该是烤全羊吧！因为烤全羊是新

10只烤全羊从新疆吐鲁番葡萄沟景区内的"世界大馕坑"中新鲜出炉

疆最名贵的菜肴之一，是可与北京烤鸭相媲美的。它色泽黄亮，皮脆肉嫩，香味四溢，味道极为鲜美。烤全羊不仅是街头的风味小吃，而且也是维吾尔人招待贵客的上等佳肴，现在也成为高级筵席中的一道佳品，备受中外游客的青睐。难怪一位外国客人说："到了新疆，若不品尝烤全羊，上帝也会责怪你的。"

在新疆各地举行的高级筵席中，如果有烤全羊餐车出现在宾客们中间，整台筵席将顿时熠熠生辉，显得格外豪华阔绰。如今，烤全羊已成为新疆各族百姓餐桌上的美食。无论季节怎么变化，您都会在美食节、赛马节和巴扎上见到烤全羊的身影；哪怕是没有看见，您也会被那诱人的香味吸引过去。如果您来到新疆旅行，那么维吾尔老乡一定会拿出烤全羊来招待您的，让您满意而归。

烤全羊，维吾尔语称之为"吐努尔喀瓦甫"。它之所以如此撼动人心，除了因为选料考究、味道独特外，还缘于其别具特色的烤法。烤制师傅选用1—2岁的绵羊，剪去羊毛，给羊灌入泻药，使羊肠胃

烤全羊

里的杂物排泄干净。然后，厨师在事先备好的房间里燃起一堆火。室内温度升高，羊进去没多久，就被烤得直喘粗气，浑身冒汗。闷热，使它渴望得到水，可摆在它面前的不是白水，而是搅拌进小茴香、大料、花椒等香料的咸盐水。羊渴极难忍，咕噜咕噜地猛喝个够。但它仍然摆脱不了闷热，不一会儿，羊又十分饥渴，可是端来的还是香料盐水，它又喝得一干二净。大约一两天后，由于羊肠胃里无食物吸收，喝进去的香料盐水逐渐渗透全身。至此，羊的"饥渴日"结束，迎接它的是"寿终正寝"。新疆人宰羊有一条"清规戒律"，就是宰杀的羊必须是健康的活羊，凡是死羊（不管是病死、饿死、冻死、摔死）一概不宰、不卖、不吃。这也是让您吃得新鲜、吃得放心的保证。

　　羊宰杀剥皮后，去蹄和内脏，洗净血污及内脏肠道等的污物，并控干羊体多余水分，用尖刀将后腿肉顺大骨切开。将肉用刀划条（以便入味成熟），放入料水中浸泡2小时备用。再将鸡蛋、姜黄粉、面粉、淀粉、食盐、辣椒粉、孜然粉放入盆内调匀，静放半小时后，加入80℃左右的料水搅匀成糊。取出浸泡的羊，用一根直径4厘米、长约1.5米（根据馕坑的高低决定长短）的铁棒，将羊从头至尾由胸腔穿过，经胸膛、骨盆，从其尾部露出，使铁棒一端的铁钩刚好卡在颈部胸腔进口处。将羊倒立20分钟，吹干表面水分。搭好馕坑，用果木炭或无烟煤将其炙热。即使在新疆最朴实的乡间，每一个维吾尔人也都知道一个原则：无论用哪一种果木烧烤，

制作烤全羊

都必须砍老化的枝桠，绝不能破坏有生命的果树。再将控干水分的羊迅速挂匀糊，头部朝下一个个放入馕坑。每只烤约 2 分钟，至表面的糊定型定色取出。立即用一块铁板盖住馕坑，避免木炭产生明火（以防止烤羊过程中羊油溢出将羊烧焦）。揭开铁板，将羊第二次放入馕坑中，铁棒要紧靠馕坑边的铁钩（防止滑落），再将盐水洒入馕坑，并迅速盖上铁板，用湿棉布密封坑盖，焖烤 1.5 小时左右（这时馕坑的温度会下降到 100℃ 之内）。揭开坑盖观察，当肉呈白色、外表红亮时，即已烤熟。

全羊烤熟后，放上餐车之前要给它精心打扮一番。在羊头上挽系红彩绸，打成花结，嘴里含上香菜或芹菜，犹如一只活羊卧着吃草。看着那被烤得黄里透油的光泽，那浓香外溢的诱惑，以及那栩栩如生的艺术造型，顿时让人垂涎欲滴，食欲大增。这样的烤全羊，可以自己动手用刀削下来吃，也可以请服务员切片盛盘，端上筵席、餐桌，沾上特有的小料，其味道香酥而不油腻。

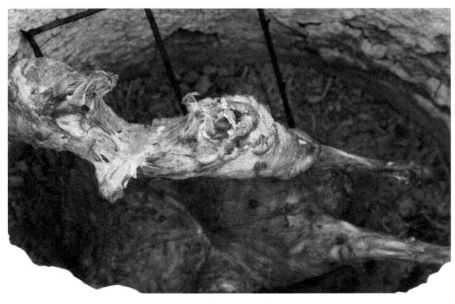

烤全羊出炉

小吃店里的烤全羊

中国烤全羊新疆最好，新疆烤全羊巴音郭楞蒙古自治州尉犁县的最好。尉犁县烤全羊之所以驰名中外，除技术上的原因外，还和羊的品质有密切关系。当地的朋友是这么告诉我的："新疆别的地方的羊我不敢说，我们尉犁的羊，以罗布羊为代表，主要吃的是中药之一的甘草，新疆长寿降压茶之一的罗布麻，还有就是千年不死的胡杨树的叶子。"的确，尉犁的羊品种好，再加上如此喂养，尉犁羊的肉质自然鲜嫩无膻味。怪不得"天下羊肉尉犁香"在新疆早有共识。

烤全羊自古以来就是款待贵客的极品美食，而新疆尉犁县的烤全羊则是极品中的极品。在尉犁县，一提到烤全羊，人们自然就会告诉您：小巴郎的烤全羊亚克西！在维吾尔语中，"小巴郎"是小孩子或者小伙子的意思。我想，起这样的名字，应该是让人们联想到小羔羊吧！由于小羔羊的肉质很嫩，因此口感很好。再加上用维吾尔千年传统工艺和特大馕坑烤制，加入特制的调料，可谓传统工艺与现代食品加工技术的完美结合，烤熟后的小羔羊就更加鲜嫩可口了。2002年7月9日，为了让更多人品尝到新疆最名贵的美食，经巴音郭楞蒙古自治州科技局批准，成立了尉犁小巴郎食品科技有限责任公司。公司的主要产品为"小巴郎"牌烤全羊羔、风干牛肉、大盘鸡、牛羊肉和新疆特色干果。为使人们更多地了解自己的产品，该公司还在互联网上安了家，开设了小巴郎烤全羊网站，通过网络进行宣传和销售。目前，"小巴郎"食品除了在门店销售外，还可以上网订购，通过真空压缩的羊肉就可以安全送到中国各地老百姓的餐桌上了。据悉，每天上网购买、了解小巴郎烤全羊的就有300多人，产品年销售量达1万余只。该公司产品已占据了北京烤肉市场的三成，与国际品牌土耳其烤肉进行有力竞争。如果您来到新疆，请一定亲自去尉犁县尝尝刚从馕坑出炉的烤全羊吧！因为新鲜的烤全羊肉质十分鲜美，加之刚出坑的那股浓香，会别有一番滋味哦！

大盘鸡里拌"皮带"

人们常说：不到新疆，不知道自己的宝少。的确，新疆土地辽阔，人所共知；新疆资源之丰富、宝藏之众多，更令人惊异、赞叹。可是，新疆也有其奇特之处，就像新疆的"十八怪"令人好奇。"鞭子底下谈恋爱，兵团姑娘不对外，吃的烤馕像锅盖，大盘鸡里拌皮带，风吹石头砸脑袋……"尚未到过新疆的人，或许觉得有些不可思议。其实，但凡来过新疆的人都知道，这些只不过是新疆的一些自然现象和民俗民风罢了。当然，"十八怪"还能提醒来新疆旅游的朋友注意一下旅行的准备工作。

新疆"十八怪"中有一怪是"大盘鸡里拌皮带"。有朋友不禁要问："皮带"怎么能拌进大盘鸡里？其实，这里所说的"皮带"可不是腰上系的皮带，而是我们新疆大盘鸡的特殊吃法：在饭馆里吃完鸡以后，老板

2012年的新疆特色餐饮食品博览会上，群众等待品尝大盘鸡。

会及时端来一盘像皮带一样又宽又薄的皮带面，倒入大盘鸡里，与鸡汁拌匀。皮带面顿时变成酱红色，吃起来酣畅淋漓，特别过瘾。

新疆的大盘鸡作为一种已经被人们普遍喜爱的菜肴，并不需要太多言语来形容。只要看到街边大大小小的店面，就足以感受到它的魅力。在大盘鸡"出世"之前，饭馆大多是把一只鸡剁碎了分开卖。当一盘鸡端上餐桌以后，经常有顾客涨红着脸问老板："你这到底是辣子炒鸡还是鸡炒辣子，怎么到处都是鸡脖子？莫非你炒的是红掌拨清波的鹅吗？"老板自知理亏，无言以对。自从大盘鸡诞生，这个问题就彻底解决了。不仅老板省事，而且顾客也能一目了然。

短短一二十年，大盘鸡就发展成为新疆饮食文化的一面旗帜，"年龄"最短，名气最大。也正因如此，人们对其起源也就格外关心起来。沙湾说，大盘鸡是我们研发的；柴窝堡说，大盘鸡是我们开的先河。在拜读了方如果先生写的《大盘鸡正传》后，我对大盘鸡的历史脉络做了一个大致的梳理。大盘鸡按制作方法和口味可以分为两类，这两

大盘鸡

类打出的招牌分别集中在两个地名上：一类是以沙湾大盘鸡为代表，另一类则是以柴窝堡大盘鸡为代表。前者的烹制手法为炖煮，后者则是干煸。那么，哪个才是新疆大盘鸡的发源地呢？让我们还是先从离乌鲁木齐市近一点的柴窝堡的大盘鸡说起吧。

"达坂城的姑娘辫子长啊，两个眼睛真漂亮。你要是嫁人，不要嫁给别人，一定要嫁给我。带着你的嫁妆，唱着你的歌儿，坐着那马车来……"从乌鲁木齐到吐鲁番的路上，有一座闻名遐迩的小城。它的名气，不是来自优美的自然风光，也不是来自醉人的民族风情。它没有惊人的古迹，也没有特别的故事。它的出名，大概只是因为一段优美的旋律和一段质朴诙谐的歌词——《达坂城的姑娘》。享有"西部歌王"之称的王洛宾老先生将这首歌传唱开后，世人都知道新疆有个达坂城，达坂城里有个漂亮的姑娘。

柴窝堡属于达坂城区，是沟通南疆和北疆的必经之路。据相关记载，柴窝堡在20世纪90年代前只有三家单位，为解决职工家属的就业问题，单位才在路边盖了几间小平房做起买卖，以便过路司机和游客吃饭歇脚。到了1994年，这里的大盘鸡店已经有一大片。至此，柴窝堡迎来了它最辉煌的一段历史，由经营大盘鸡逐步形成一条综合性的产业链。

从制作方法上分，柴窝堡大盘鸡和沙湾大盘鸡分属两个派别。柴窝堡大盘鸡主料也是整鸡剁块，但相对沙湾大盘鸡而言，肉块要小许多，大概有拇指大小。先将鸡块过两遍油，然后放底油煸花椒、干辣椒，随即投入鸡块爆炒，同时投以盐、葱、姜、蒜等佐料，翻勺盛盘即可。制作过程看似简单的柴窝堡大盘鸡实际上并不简单。于烹饪而言，沙湾大盘鸡的做法类似于炖，而柴窝堡大盘鸡的做法除干煸外，还有类似抓炒的手法。抓炒最讲究的是火候，时间稍长，肉就老了；时间略短则湿气大，不入味。各店更有在过油前用调料腌制主料的看家秘方。柴窝堡大盘鸡的辅料相对简单，只是大量的干辣椒。相关资料说，之所以用干辣椒做主要辅料，是因为当时这里蔬菜供应不足，去乌鲁木齐买菜不方便，一次买回的很多新鲜辣子不易存放，无奈之下，就用干辣皮子代替，谁知反倒成为柴窝堡大盘鸡的鲜明特色。对于此类说法，窃以为并非如此。在川菜中有一道类似的菜肴叫"歌乐山辣子鸡"，做法大抵类似。也许，在柴窝堡大盘鸡诞生之初，选用干辣椒为唯一的辅料是厨师有意而为。殊不知，几乎不含水分的干辣椒和失去水分的鸡块是最好的搭配。就用料而言，柴窝堡大盘鸡真的是超乎寻常的大胆，以川菜式锐意、决绝的品格，将几乎与主料比例相同的火一般的干辣椒投入其中，使得这道菜辣力增加，干香浓郁，让人大快朵颐。

　　如今，柴窝堡辣子鸡一条街上，大大小小分布着百余家店。可见，它给当地老百姓带来了巨大的财富。到这里吃饭的客人络绎不绝，不仅有那些过往的游客，甚至还有专程从乌鲁木齐而来的老顾客。看来，饭店生意兴隆的关键还是口碑。

　　接下来，让我们再探探沙湾大盘鸡的究竟。说起这道菜肴，很多沙湾人都很

大盘鸡

41

自豪。在他们看来，沙湾才是大盘鸡的真正发源地。最有力的一个证据就是：新疆大盘鸡的第一个注册商标就诞生在沙湾。这个给大盘鸡注册的人就是沙湾赫赫有名的杏花村大盘鸡店的老板张坤林。在进一步追溯那段历史时，我却发现张坤林其实并不是沙湾大盘鸡的创始人，他只不过是有远见，先注册了个商标而已。相传解放之前，一位四川的烹饪高手张师傅为躲避战乱，来到新疆沙湾县落户。他在312国道旁开了一家小饭馆，以卖炒面、拌面为生，生意时好时坏。20世纪80年代初的一天，一位长途汽车司机来到他的小店吃饭，随口对张师傅说："炒面、拌面太干。你给我炒一份辣子鸡，多放些汤，再给我拉一些面拌在一起。"这句话提醒了张师傅，于是一传十，十传百，这道菜变成了响誉全国的大盘鸡。改革开放以后，新疆来了许多四川人。四川人会吃，也敢吃。他们很多人都从事体力劳动。干体力活的人饭量都很大，怎样吃才能既经济又实惠呢？四川人和当地人在一起研究、试验，终于，用一整只鸡和相关的蔬菜烹饪的美味诞生了，他们给这种美食取名为"大盘鸡"。大盘鸡诞生以后，很快就以它的味美和实惠风靡新疆，近些年传到内地及沿海，甚至走出了国门。从外地来新疆的人，没有不夸新疆大盘鸡好吃的。

沙湾县位于新疆维吾尔自治区北部，石河子市西侧，天山北麓中段，准噶尔盆地南缘；东与石河子市、玛纳斯县相邻，南与和静县、尼勒克县相接，西与乌苏市、奎屯市、克拉玛依市相连，北与和布克赛尔蒙古自治县相交。沙湾大盘鸡成名，秘密全在"大盘"。只有大盘，才能盛下全鸡；也只有大盘，才能烩进各种各样必配的蔬菜和调料，而且有丰润的汤汁。这种先炒后炖的鸡，需在加入适量的盐、干辣椒、花椒、八角、姜片后添适量的水。水以不漫过鸡肉为宜，加盖小火炖至九成熟后，投入切好的土豆块继续焖。出锅后的大盘鸡因溶进了辣椒色素而略带猩红，又因裹上了土豆中的淀粉而色泽鲜亮，肉质鲜嫩爽滑，香气四溢，口感鲜辣，令人垂涎欲滴。不仅如此，由沙湾大盘鸡衍生出的"皮带面"也堪称一绝。将这种面在汤里泡两三分钟，待面片变成酱红色，这时的面片如金汁银粉一般，晶亮诱人、劲道十足，吃后更让人有种"三月肉香而久久不忘"的感觉。竟然有客人买一盘鸡就为吃这一口面的，可想而知，汤汁味道绝对不俗。

大盘鸡

　俗话说：酒香不怕巷子深。很快，沙湾大盘鸡在新疆各地流传开来，深受人们的喜爱。而最具代表性的还是沙湾杏花村大盘鸡。早在20世纪80年代，沙湾杏花村大盘鸡就已家喻户晓。它是集汉族、维吾尔族和哈萨克族饮食风格于一体，具有鲜明的地方特色的饮食方式。1997年，沙湾杏花村大盘鸡第一代掌门人张坤林给沙湾大盘鸡申请了"坤林杏花园"专利。由此，沙湾杏花村大盘鸡店诞生了，这也是沙湾大盘鸡真正的创始店。到沙湾杏花村大盘鸡店吃沙湾大盘鸡的南来北往的客人络绎不绝。杏花村大盘鸡店也因为是创始店而生意兴隆、门庭若市、座无虚席。

　沙湾人吃大盘鸡，有句话是这样说的："风味"嘛，在风里头吃，才有味道。每年的春、夏、秋三季，老板会把桌子从屋内搬到屋外，摆在门前的凉棚下。湛蓝的天空，一望无际的田野，一路奔波而来的食客品尝着浓郁鲜亮、油而不腻、浓香四溢的鸡块和辣得让人咂舌的鲜辣椒、红辣皮子，别有一番滋味。这般环境、这种吃法、这样味道，我想,在内地的空调房内是怎么也吃不出来的吧!

新疆大盘鸡与精致讲究的南方菜肴相比,似乎难登大雅之堂,只能算一种风味小吃。然而稍作探究,您就可以从它粗放烹制的背后看到匠心独具之处,这是清淡滑润的南方菜所难以做到的。其实,在新疆各种酒店的菜单上,大盘鸡都是摆在醒目的位置,作为重点推荐的菜品;单从选料上来说,既有鸡块,又有蔬菜,还配有主食。从其形成过程来看,大盘鸡的诞生,算得上是饮食文化融合的产物。让我们再看看盛鸡的搪瓷盘,足有10来寸宽,蓝边、白底、大红花饰,映衬一盘显山露水、色浓味厚的菜肴在眼皮底下,让人心一下暖到尖尖上,口水汪到舌根里。大家筷子、勺子齐上阵的时候,真是现代文化引领的佐证!

现在大盘鸡的"内容"是越来越丰富了,辅料中不仅有土豆,还有宽粉、小馕块、小花卷、芹菜、香菇等。这样不同的选择会满足食客不同的需求。用不同的辅料做出的大盘鸡,味道是有很大区别的。如今,新疆大盘鸡已遍布中国各大城市,而且创新发展出了各种"大盘饮食系列",如大盘鹅、大盘肚、大盘鱼、大盘胡辣羊蹄等具有新疆特色的美食。这道新疆饮食文化的独特风景线迅速从新疆辐射至全中国,乃至中亚各大城市,不仅繁荣了餐饮行业,还带动了区域经济的发展。

宛若银丝的拉条子

新疆民间有这样一个传说:一位饿汉子,路遇一家拌面馆,高兴之际狼吞虎咽了两大盘面。随后,他拍拍肚子,抹抹嘴,点上一根莫合烟(卷烟)美滋滋地享受之后,扬长而去。可是,走了40里地,他却总觉得少了一件什么事,而且越往前走,这种感觉越强烈,腿脚如同灌了铅,几乎寸步难行。猛然间,他如梦方醒,叫了一声:"你看我这脑袋瓜子！"立即调转方向原路返回。正当他大汗淋漓、气喘吁吁地回到饭馆，恰好老板端着一碗热气腾腾的面汤迎面而来。"早料到你还会回来的，所以面汤一直在火上热着。喝了这碗面汤，才能原汤化原食啊！"传说中的这"原食"，也就是我们新疆最家常的美食——拌面。新疆这块热土是各种文化的交汇之地，作为传统饮食之一的拌面，也自然受到各民族的普遍青睐。如今，新疆各地的大街小巷餐馆林立，名目繁多，其中尤以拌面馆居多。即使走进高档饭店，许多食客依旧不忘问上一句："有拌面吗？"

拌面，俗称"拉条子"，维吾尔语称之为"兰格曼"，不仅是新疆各民族非常喜爱的一种美食，也是新疆旅游的一张名片。如今，吃拌面、游新疆成为许多游客难忘的回忆。中国各地都有自己特色的面食：山西的刀削面、上海的阳春面、陕西的臊子面、兰州的牛肉面、四川的担担面……各路面食如诸侯割据，各领风骚。

拌面是运用新疆优质的冬小麦资源，配以本土出产的蔬菜、牛羊肉等，做成的适合新疆人口味的一种面食。随着时代的变迁，通过各民族相互接纳、相互学习和相互交融，拌面其实早已深深扎根于新疆这片沃土，成为在中国名气很大的一种新疆特色美食。新疆面食技艺的丰富，更赋予了它丰富多样的内容和种类：过油肉拌面、酸菜拌面、韭叶拌面、土豆丝拌面……不仅有这些最普通的家常拌面，还有鸽子肉拌面、碎肉拌面、芋芋子拌面、恰玛古拌面，等等。

拉面师傅正在拉面

拉条子看上去似乎很简单，但要做出一盘让人口齿生香的拉条子，还真不是个简单的事情！众所周知，新疆属大陆性气候，日照时间长，昼夜温差大。由于新疆无霜期短，小麦生长周期长，因此，新疆面粉具有面筋好、口感好等特点。可以说，特殊的地理环境、土壤结构和气候条件下生产出的优质小麦成就了新疆拉条子。俗话说：打出来的婆姨，揉出来的面。和面是个硬功夫。和面讲究"和硬醒软"：水中略放一些精盐，尝起来微咸即可，将适量盐水兑入面粉中，将面团一直揉到表面像皮肤般光滑后搁置一段时间，这个过程叫"饧"。使劲揉成的面团上满了劲，要想让它具有良好的延伸性和柔韧性，就要让它安静地饧一会儿。接下来就要考验拉的功夫。在家里做拉条子，就是等面饧好后反复揉，然后就可以将面团抹油推开，将和好的面做成面剂子，一圈一圈向上盘成层层宝塔状。看高手拉拉条子，简直就是一种艺术享受，不会做拉条子的人还以为是耍杂技或是变魔术呢！只见面剂子上下飞舞，在案板上摔得啪啪响，顿时由粗变细，再来回缠绕，最后变成宛若银丝的拉条子。拉条子入锅后顷刻间便漂上水面，溢出诱人的清香。

"老板，加面！"在新疆的任何一个饭馆，您最常听见的就是这样一句话。这时，只见新疆的"儿子娃娃"将菜一股脑儿地倒进面里，看着有小山一样高。每根拉条子挑起足有一人多高，洁白爽滑、无比劲道，呼呼隆隆一口吸溜完。我想，可能很少

制作拉条子

有什么美食能够瞬间满足食客对饭菜的所有需求，而干练聪明的新疆人就创造出了这样的食物。一碗菜，一盘面，"啪"地那么一扣，就全齐了。

土生土长的新疆老一代人，竟然将能吃多少拉条子当作丈母娘选女婿的一个标准。当年，我的一个同学就是因为吃了两大盘拉条子，才

过油肉拌面

过了丈母娘的这道门槛的。老人们认为，凡是胃口好的，自然身体就好。俗话说，能吃就能干！细细想来，这是不无道理的：如果一个小伙子吃饭挑三拣四，身体肯定不会有多强壮，怎么能放心将女儿交给他呢？

如今，拌面早已成为新疆各族人民喜爱的美食了。一定有人会问：新疆哪里的拌面最好吃？奇台人说，我们的最香；托克逊人说，我们的最地道；阿图什人说，我们的最正宗。不论是奇台、托克逊还是阿图什，都有一道拌面中的精品——过油肉拌面。据记载，过油肉拌面在新疆已有上百年的历史，是百姓家宴中必不可少的一道菜，是数代厨师潜心钻研和不懈努力的结果。过油肉在众多种类的拌合面食中当属"万金油"的角色，拌谁谁就香，拌谁谁就贵。一盘成功的过油肉应该是肉片色泽金红鲜亮，浓汁透明，不走油，不散汤，入口嫩滑，香味浓郁。这样一盘菜再配一盘溜光爽滑的面，食之口齿留香。

朋友聚会时，曾有人问："为什么拉条子在新疆经久不衰？"我想，可能的原因有三：一是由于新疆特定的地理环境，面不仅劲道，而且有很好的延伸性；二是因为新疆羊都是以放牧为主，吃百种草，行万

里路，上山爬崖，十分矫健，其肉醇香无比；三是新疆地广人稀，加之拉条子经济实惠，备受寻常百姓的青睐，故而久负盛名，百食而不厌。所以，过去人们常常调侃说，新疆人出差回来，一定会做两件事。一是大包大包往回扛东西，因那些年新疆物资匮乏，借此机会购置一些家庭用品。二是一下火车或飞机，连家也不回，直奔饭馆吃一顿拉条子，好像这样才算真正回到了新疆。尽管在内地可以吃到许多山珍海味，但新疆人心里仍惦记着故乡的拉条子。

新疆是一个神奇的地方。这里丰富的物产资源和各族人民的勤劳与智慧，造就出独具特色的饮食文化。在新疆的大地上，吃了拉条子，就等于吃出了新疆的味道；吃了拉条子，就完全记住了新疆的感觉。如果说老少咸宜的馕是温和朴实的，那么拉条子就是一种带有浓厚新疆儿子娃娃气质的食物，不仅因为它的粗犷，更因为它的大气与豪爽。

话说"九碗三行子"

"九碗三行子，吃了跑趟子。"这句话，相信很多新疆人都听说过。"九碗三行子"，听起来有点奇怪，大家不禁要问这是什么。其实，"九碗三行子"是新疆回族人的正宗宴席，赴这种宴席叫"吃席"。

记得小时候，爷爷给我做过丸子、夹沙这两道菜。每当冒着热气的香喷喷的饭菜端上桌的时候，我就开心得像过年一样。随着年龄的增长，我才知道，新疆回族的招牌菜——"九碗三行子"中一共有 9 道菜肴，而儿时记忆中的丸子和夹沙只是其中的两道而已。"九碗三行子"就是指宴席上的菜全部用 9 只大小一样的碗来盛，并要把 9 只碗摆成每边 3 碗的正方形。这样，无论从南北或东西方向看都成 3 行，因而得名"九碗三行子"。

盛唐中叶，伴随着"茶马互市"中穆斯林的频繁往来，中国回族族群初步形成，中国回族清真饮食业也初见端倪。一部分回族在丝绸

民族风味餐厅

之路北道重要的连接点昌吉，形成了有自己民族特色的饮食文化。后来，在与各民族之间进行文化和经济交融的同时，其饮食文化也得到了充分发展。

清朝以后，许多内地的回族来到了新疆。为了生存，他们选择进入了成本较低的饮食行业，开始在新疆大地上繁衍生息。这些勤劳能干的回族人按照生活习俗，用面粉、牛肉、羊肉不断地演绎出了一些极具特色的风味小吃，比如：烫面饼子、油香、葱油香、拉条子、汤揪片、牛肉面、凉皮子、火烧、"九碗三行子"等，多的时候有六七十种。"九碗三行子"也就从那个时候开始，慢慢流传开了。

最早的时候，"九碗三行子"一般出现在回族人的节日或婚丧嫁娶时一些重要活动的家宴上，是回族饮食文化中的代表之作。虽说是9碗菜，但实际上只有5种菜品：丸子、焖子、黄焖肉、夹沙肉，最后是中间摆放的一份水菜（汤）。后来，"九碗三行子"慢慢从家宴走进了一些回民开的清真饭馆里，这也意味着"九碗三行子"开始走向市场。但因为这道佳肴食用程序比较繁琐，人们不太习惯，"九碗三行子"曾淡出过人们的餐桌。1978年中国改革开放后，在一些老顾客的要求和游客们的寻找和建议下，"九碗三行子"又重新走上了人们的餐桌。只不过，现在的"九碗三行子"已不同于从前，除了在原料上有不少改进外，有些大师傅还增加了蒸南瓜、烧椒麻鸡、酸辣鱼、烧羊排等花样，甚至"素"的"九碗三行子"也出现了。而且，盛菜的碗大都变成了盘子，有的盘子周边还点缀一些雕花。无论从吃的种类上来说，还是从装菜的器具上看，如今的"九碗三行子"都更适合现代人饮食的需求了。

《乌鲁木齐掌故》中记载，20世纪八九十年代，人们还可以在大街上看到"九碗三行子"的招牌。随着这些年回族清真饮食业的蓬勃发展，清真菜品的种类不断增多，回族人的待客方式也趋于多样化，传统的"九碗三行子"已退居二线。想要吃上真正意义的"九碗三行子"，还得颇费些周折。

据一些老人说，当年的民族英雄林则徐被发配新疆时，一路风尘仆仆，历经艰难，过星星峡、哈密、木垒、奇台、吉木萨尔，行至昌吉。当地的回族人得知此事后，特地精心准备了"九碗三行子"，招待他们心目中的英雄。至此，"九碗三行子"便与林则徐联系在了一起。不过，这种说法几乎没有史料可查，只是在民间口口相传而已。还有一些老人说，新疆回族"九碗三行子"的待客习俗，起源于回族先民征战的岁月。原因是这种待客方式较为简捷，征战的将士只要下马之后洗净双手，就可在草地上铺一块毡子或御寒的衣物，互相招呼着围席落座，短短几分钟内就可品尝到热乎乎的美味。

"九碗三行子"这种宴席的上菜方式很有讲究，不能把9碗菜随便往桌子上一搁，而是每种菜的摆法都很有名堂。盛放菜品的容器，要求精致、美观、大方，令人赏心悦目。过去回族人的餐桌都是方桌，也就是我们常说的八仙桌。上菜时，一般先上4个桌角的肉菜，称之为"角肉"，然后再上4个边的菜，其中对面的两碗菜名称要对称，谓"门子"。"门子"菜就是菜名要一样，但花样和原料可以有些差别。如：东面是"丸子"，那么西面的菜也必须是"丸子"，但可以分别用牛肉和羊肉，另外也可以放些鸡蛋、木耳之类的东西，以示区别。这样做是为了增加菜品的花样，一方面显得丰盛些，另一方面则表示对客人的尊敬。最后才上中间的那碗菜，因为这最后一道菜尤为珍贵，有放蒸鸡的，也有放火锅的，品种会因地域而有所不同，但同样都是美味。这样的摆法是有道理的，无论是"门子"还是"角肉"都会离客人很近，不用为哪道菜夹不到而发愁。这样合理的布局，为客人提供了方便。

有意思的是，从制作工艺看，回族人的招牌名菜却没有一样需要炸和炒，而全部用蒸、煮、拌，显示了回族最高的、最古老的烹饪技艺。这些技艺属于回族的文化精品。菜的原料主要是牛肉、羊肉、鸡肉，以及白菜、豆腐、粉条、辣子、木耳、黄花菜、鸡蛋、葱花等。有时，根据时令蔬菜的不同，所做的菜品也有所变化。

回族人在遇到婚丧嫁娶等大事时，一般都要做"九碗三行子"来招待亲朋好友。等客人入席后，先上些油果子、麻花和糖果之类的，

美食节上展出的"九碗三行子"

并请客人喝茶。这样做是为了让远道而来的客人稍作休息，再则，让客人们聊聊天相互认识一下。休息之后，便开始上"九碗三行子"。9碗菜是同时在大蒸笼里蒸的，端出来的时候热气腾腾的。由于上菜速度很快，一两分钟内即可上齐，因此，客人吃每道菜时都是热的。凉拌菜则随吃随拌。当然，置办"九碗三行子"的宴席，事先要做充分的准备工作，要根据客人的多少准备足够的肉和菜。虽然准备工作繁琐，但是，当主人看到客人满意而归时，就会露出欣慰的笑容。"九碗三行子"中的每道菜都不过油，选料精细，所以吃起来爽口且不腻人。这种宴席的主食有花卷、馍馍、米饭和油香（办喜事时不可用油香）。

"九碗三行子"并非只是简单的9道菜肴，更有着丰富的文化内涵。如果取掉中间的水菜，其余的菜碗就构成了一个回族的"回"字。在回族人的心目中，9是个最大最吉利的数字。当"九碗三行子"端上来时，其实已涵盖了人们最朴素的祈愿：天下太平。菜肴中的文化味道也就随着菜的香气飘过来了。

随着时代的变迁，如今的"九碗三行子"已融入了各民族的饮食元素。但是，不管菜肴的内容和花样如何变化，这道美食的摆法从来不曾改变。人们吃的是入眼胜画的菜肴，品的是其乐融融的文化。

麻得够劲儿的椒麻鸡

椒麻鸡是新疆回族的一道传统小吃，和广东的白切鸡、四川的白斩鸡看起来差不多，但味觉上则是完全不同的。对于喜爱椒麻鸡的美食爱好者来说，究竟是喜欢它的麻，还是它的辣？或许至今都没有一个明确的答案。这地地道道的椒麻鸡吃到嘴里，麻得就像刮大风，辣得头上冒大汗。或许，人们经不住的就是麻与辣相结合后那种难以形容的美食诱惑，比大盘鸡的味道重，比白斩鸡的味道浓，比麻辣鸡的味道更清爽。正是因为这份独特，让人欲罢不能，吃到嘴皮发抖、大汗淋漓，都不愿意放下手中的碗筷。

关于椒麻鸡的历史，我们自小就听老人们讲过。椒麻鸡起源于 100 年前，是一位宋姓的回族师傅研发的。后来，椒麻鸡成为了寻常百姓家的美

椒麻鸡

食。不同的回族主妇做出的椒麻鸡都有不同的味道，仿佛在诉说着自家的幸福。当年，在新疆乌鲁木齐南关财神楼（现南关清真二食堂门前一带），宋师傅设摊经营的椒麻鸡名扬全城。宋师傅是个矮个子老头，熟人都开玩笑地称他"宋矬子"。一提起椒麻鸡，人们会异口同声地称赞财神楼宋矬子做的味儿最美。宋师傅家住在小东梁（现和平南路一带），每天快到中午时，他就挑上担子，将制作好的油黄发亮的椒麻鸡挑到财神楼固定点销售。他仔细把每只鸡的大腿和鸡胸脯从中间分开为 2 件，合称 4 大件；两个鸡翅膀、鸡脖子和鸡尾部分为 4 小件；每只鸡都分成 8 件。同时，还用大瓷盆煨着半盆卤汤。冬天盆下有煤火，任何时候，卤汤都是热的，远远地就香气扑鼻。夏季还可以吃凉的椒麻鸡。鸡的大小件价格各异，任顾客挑选。宋师傅制作的椒麻鸡讲究熟、烂、鲜、香，色味俱佳。用细瓷红花小碟盛上鸡大腿，再浇上两小勺卤汤，那滋味是极醇厚的。宋师傅为人热情，总是善良地将椒麻鸡的做法传授给家庭主妇。宋师傅之后，再也没有回族人出门卖过椒麻鸡。相反，椒麻鸡成为回族人家的主妇必须会做的美食。只是，在流传的过程中，主妇们简化了做椒麻鸡的程序，加入了每个人不同的厨艺技巧，最终演变成

用了365只鸡做成的超大份椒麻鸡

今天的椒麻鸡。如今，椒麻鸡早已成为新疆各族百姓喜爱的凉菜。

椒麻鸡在新疆已经风靡十几年了，还获得了"中华名小吃"的称号。新疆的椒麻鸡不像广东的白切鸡，切好后整齐地码在盘中，配着小巧的油碟，很斯文地蘸着吃；也不像四川的白斩鸡，用刀切成块，加以调料拌匀，装入碗或12寸大小的盘中，端上桌。新疆的椒麻鸡要选丰健散养的土鸡，文火煮至熟而不烂的程度，用冰水激凉后，沥干水分，充分保留肉质的鲜嫩肥美。然后，加入特选香浓色郁的贡椒、辣道适中的海椒，依照祖传秘方熬制椒麻吊汤。连皮带肉用手豪迈地撕扯开来，配上汁纯味浓的汤汁、大葱和红辣椒，这时鸡皮浸味透彻，脆椒弹牙，鸡肉入口天然幼滑、鲜香不腻、韧劲十足、椒麻分明，让人吃到舌头麻得没有知觉也不想停口。想必，椒麻鸡是带着那么一种攒劲，更体现出新疆"儿子娃娃"一样的豪放和热情！

在新疆，没有人知道最正宗的椒麻鸡在哪里，也没有人知道椒麻鸡何时在新疆市场火爆起来，但它的确异常火爆。椒麻鸡走向大众餐桌的历史其实并不长，这还得从一对回族金氏父子说起。

那是 1995 年的夏天，消闲避暑的人三三两两地走向夜市，小吃摊很快就忙碌起来。这场景，相信很多人至今都难以忘怀。金氏父子带着他们研制了 5 年之久的椒麻鸡就出现在那年夏天。他们进入夜市第一年，每天生意都很惨淡，有时一直等到收摊也只能卖出一个鸡腿或者鸡翅。他们经常眼巴巴地看着隔壁的麻辣鸡摊前，排着如长龙般的队伍。第二年，金氏父子改变策略，让顾客先尝后买，免费试吃。这招果然灵验，不多久就招来了很多回头客。这些回头客不仅自己来吃，还带了很多朋友和家人。这样一传十、十传百，金氏父子的椒麻鸡很快声名鹊起。那一处从无人问津到人满为患的椒麻鸡摊位，就是今天"胖老汉"的雏形。风靡一时的"胖老汉椒麻鸡"因其分量实足、口味清新、价格公道，很快成为家喻户晓的小吃，小小的摊位已不能满足慕名而来的八方宾客。2001 年，"胖老汉椒麻鸡"在河南东路开了第一家专卖店，并成功注册商标"胖老汉"。自此，凝聚金家两代人的坚持与信念的心血之作，成为受众多食客青睐的本土小吃品牌。2008 年，拥有更大的发展与探索空间的"胖老汉椒麻鸡"正式更名为"胖老汉清真餐饮连锁机构"，将世代传承的回民家常菜纳入店内食谱。"胖老汉"坚持挑选上等烹制原料和食材，严格遵守回民传统习俗进行屠宰、加工，坚持名厨掌勺，坚持精心研习，烹制的特色风味菜肴及传统回民面点均赢得广大食客的赞许与肯定。经由口碑相传，"椒麻鸡""胖老汉红烧羊拐""胖老汉待客第一道、第二道"等招牌菜品更成为美食爱好者及国内外游客必点必尝的特色佳肴。

在新疆椒麻鸡越来越被市场接受的同时，新疆本土企业也开始注重它的"面子"。目前，市面上已经有了真空包装的椒麻鸡，既可以将肉加工成美味正宗的椒麻鸡，也可以炖汤喝，深受内地老百姓的欢迎。

味道鲜美的粉汤

粉汤

粉汤

　　粉汤是新疆回族人招待亲朋好友的家常风味佳肴。每逢古尔邦节和肉孜节，每家每户都要做粉汤，款待贵客和亲友。回族人的粉汤就像汉族人的饺子一样，成为喜庆节日必备的佳肴。如果您到回族人家去做客时恰逢节日，好客的女主人一定会端上一碗味道鲜美、酸辣适度、油而不腻的粉汤供您享用。要是配上一盘看起来油亮生辉的油塔子，那真是再美不过的了。

　　粉汤在新疆的历史也很悠久，大概可以追溯到元（1206—1368）末明（1368—1644）初时期。《水浒传》第三十八回"梁山泊戴宗传假信"，写戴宗下饭馆，酒保道："我这里卖酒饭，又有馒头、粉汤。"戴宗因为使"神行法"必须斋戒，所以说："我却不荤腥。有甚素汤下饭？"酒保道："加料麻辣豆腐，如何？"戴宗道："最好，最好。"由此可见，这里的"粉汤"是肉汤，与现代粉汤同属"荤腥"，而戴宗却只要吃"素汤"。《西游记》中也有多处提到"粉汤"，但却属于"素食"。第四十七回说："先排上素果品菜蔬，然后是面饭、米饭、闲食、粉汤，排得齐齐整整。"这些都是给和尚吃的，自然是素粉汤。古代粉汤的味道如何？第六十九回说道："色色粉汤香又辣。"可见味道应与现在大致相同，以香辣为主。"色色粉汤"，说明那时粉汤已有各色各样的了，足见"粉汤业"之兴旺。尤其值得一提的是，《西游记》中还描述了粉汤的做法，第八十四回说到："取些木耳、闽笋、豆腐、面筋，园里拔些青菜，做粉汤。"由这两种古籍可以看出，历史上的粉汤可分荤素两大类。

回族妇女几乎没有不会做粉汤的。她们做的粉汤不仅自己爱吃，而且还有馈赠左邻右舍的习俗。在民间，有个不成文的竞赛：谁家妇女做的粉汤好吃，谁家就备感荣耀。据说，回族姑娘在出嫁之前，都要在娘家接受母亲烹制粉汤的严格训练。如果谁家的姑娘粉汤做得好，就会有"好女百家求"的现象；如果谁家姑娘不会做粉汤，那可能就会无人问津，想嫁出去都很难。正是因为这样，回族姑娘才个个都成为烹制粉汤的高手。

2014年5月23日，哈密各族居民一起学习制作粉汤。

尽管粉汤只是一种家常食品，说起来也不是很复杂，但要做好却很不容易。要做得味道鲜美、酸辣适中、油而不腻、开胃爽口，不仅要掌握好配料、调料，还要注意火候，这可要下一番功夫才行。首先，取一些纯豆制淀粉（一般大型超市都会有卖的），把它和水制成粉块，放凉后切成 2 厘米见方的粉块待用。这样的粉块，嚼起来爽口而有韧劲。然后，将肥瘦适中的羊或牛肋条肉切成碎块，加盐和准备好的姜粉、花椒粉、胡椒粉、洋葱、红辣椒、水发木耳等做成汤。将粉块和汤合在一起烧制，即成粉汤。粉汤碗内再加上香油、红油辣面、香菜等，就是酸辣粉汤。若在粉汤内搭配上几个水饺，就成了粉汤饺子。杂碎粉汤则用煮熟的羊杂碎或牛杂碎炝锅，加原汤、粉块和各种佐料调制而成。数九寒天，吃碗粉汤，全身发热冒汗，既实惠又有风味。有人甚至用粉汤发汗治疗感冒，则是另有妙用了。粉汤四季可做，但因时令不同，放的菜会有所变化。无论何时做的粉汤，都具有香味扑鼻、色艳夺目等特点，使人流连赞叹。

　　吃粉汤还有关键一点，那就是香喷喷的油塔子。顾名思义，油塔子形状似塔。它色白油亮，面薄似纸，油多而不腻，是一种老少皆宜的面食。油塔子历史悠久，早在 1000 多年前的唐代就有了，当时称为"油塌"。据《清异录》记载，唐穆宗时，宰相段文昌家里有一号称"膳祖"的老女仆擅长制作油塔子，且技艺精湛。在 40 多年的时间里，她曾将此技艺传授给 100 多名女婢。据说，得其真传的只有 9 个女仆，足见其制作技艺不易掌握。

　　油塔子的制作不是很简单，需要有一定的技艺。先用温水和好面，加些许酵面揉成软面，热处发约 1 小时，再加碱水揉好稍醒，视制作需要，揪成若干个小团，外抹清油待用。制作开始时，先取其中的一块，平铺在面板上，擀薄拉开。利用面团良好的延展性和韧性，拉得越薄越好。然后在薄如纸的面片上抹一层炼羊尾油。这里有讲究：天热时，要在羊尾油里加适量羊肚油，因羊肚油凝固性大，不至于熔化而流出面层；天冷时，在羊尾油中加少许清油，因清油不易凝固。这样制作出来的油塔子油分饱满，且不流不漏，具有浓香丰腴的独特风味。在面片上撒少许精盐和花椒粉，边拉边卷，

油塔子

卷好后搓成细条，再切成若干小段，然后拧成塔状，入屉用火蒸25分钟，即可启笼食用。

记得有一年过古尔邦节，我们去给回族同事拜年。女主人在招待我们吃粉汤时，端出了一盘色白油亮的油塔子，看起来就像一个个刚刚缠绕好的毛线团。我轻轻抓住顶部向上一提，一个拳头大的油塔子竟然瞬间变成了一条如丝的线绳。吃进嘴里，不仅柔软，而且酥香。大家都争前恐后地抢着吃，生怕一会儿的功夫就被吃光了。有一位大姐还吃着碗里的看着锅里的，一口一个"太好喝了！太好吃了！"有人开她的玩笑，说好事成双，喝两碗、吃两个就够了。她还不假思索地笑着说："粉汤喝三碗，油塔子吃三个，那才叫'过年'！"这样的美食搭配真是够绝，色白油亮的油塔子合着油而不腻的粉汤，就是神仙也难以抵挡诱惑啊！

香气四溢的手抓肉

手抓肉是维吾尔、哈萨克、蒙古、柯尔克孜和塔吉克等各族人民喜爱的一道风味美食和待客佳肴。他们总会在逢年过节或宾客临门时

上这道大菜。对于这些民族来说，待客最隆重的仪式便是宰羊。手抓肉在宴席上是必不可少的，象征着仅次于烤全羊的礼节。

相传手抓肉有近千年的历史，以手抓食用而得名。《说文

手抓肉

解字》中说："羊，祥也。"《周礼·夏官·羊人》载："羊人掌羊牲，凡祭祀，饰羔。"羊在古时被视为吉祥的象征和重要的祭祀食品。李时珍在《本草纲目》中记载，羊肉能暖中补虚，补中益气，开胃健力，治虚劳寒冷、五劳七伤。对于体寒的女性来说，羊肉是大补之物，堪比人参、黄芪。手抓肉在新疆源远流长，这与当地恶劣的生活环境和独特的生活习惯有很大的关系。外出游牧，数月不归，而羊肉正有饱食一顿、整天不饿之功效。

新疆天山南北水草丰美，高山上融化的冰雪形成条条河流。在这样的条件下，新疆的羊肉自然品质优良。做手抓肉用的羊最好是碱滩上散养的羊，这样的羊肉是绿色食品，而且不膻。一般选10至15公斤的羊，"羊娃子"最好不过了。所谓新鲜羊肉，一定是刚刚或当天杀宰的羊肉。做手抓肉除了要挑选羊之外，最重要的是要会加工。新疆的少数民族炖羊肉有一套独家秘方，他们都是用刀从骨头缝隙中将肉剔开，整块来煮。在入锅前并不洗羊肉，只是把肉表面收拾干净，去除羊毛就下锅，等开锅后撇掉浮在水中的泡沫。他们认为，羊肉洗得过多会损失养分，就像大米淘得太干净会减少营养一样。至于炖手抓肉的调料，少数民族最传统的方法就是放盐，其他什么佐料也不加。

开锅之后，用小火慢炖，汤表面只有两三处沸点，咕嘟咕嘟地冒着泡。一般要炖1小时左右，这样煮出来的羊肉熟而不烂，又有嚼头，能看见肉块上刀切的痕迹。带着脆骨的肉，嚼起来嘎嘣作响，清脆悦耳。做手抓肉的诀窍是，炖肉时不放洋葱，待肉出锅后，将切成碎块的洋葱均匀地撒在肉上，就可以端上桌。顿时，肉的香味和洋葱的香味四处飘散。

手抓肉是少数民族待客的大菜，吃的时候也很有讲究：要先洗干净手，然后才能落座；客人不能先动，要等主人发话。一大盘热气腾腾的清炖羊肉端上来之后，满屋飘香。人们净手上桌，开怀大嚼，屋里的气氛顿时热烈起来。凡是有贵客或远方的客人来，主人要将羊胯骨上的一块"工"字型的叫作"江巴斯"的带骨头、最好吃的肉献给客人，以示尊敬，然后其他人才开始享用。吃手抓肉一般先吃肥肉，肥肉味香，而且凉吃伤胃。更为重要的是，先吃肥肉相当于用油把胃壁保护起来，为接下来喝酒奠定良好的基础。怪不得新疆少数民族朋友肠胃健康，酒量无比呢！

新疆的手抓羊肉因地域不同，风味也不同。您若在天高气爽的季节来到水草丰美的草原，不论走进谁的家中，都会受到淳朴好客的主人热烈欢迎。他们会用手抓羊肉来款待您。切记，拒绝吃肉是不礼貌的，会被认为是看不起主人的表现；也不能狼吞虎咽地吃，嘴里发出很大的声响。如果细心，您会发现在盛肉的精致的大盘子边，放着

清炖羊肉

清炖羊肉

一把大约15厘米长的割肉小刀。这小刀富有民族特色，刀柄雕饰着花纹图案，其中以英吉沙县出产的最为著名，锋利无比。用小刀割下肉片，手抓肉片蘸盐食用。有的人家会给客人准备一只小盘，请客人把割下的肉片装在小盘里。在盘子里，您还会发现一样好东西，那就是皮芽子（洋葱）。在新疆，洋葱一般都是生吃。随手抓肉上来的洋葱，只切成片，不加任何调料，是羊肉最好的搭配。洋葱不仅能降血脂，还可以降血压。新疆的少数民族爱吃肉而又很少患心脑血管疾病，洋葱有很大的功劳。

俗话说，原汤化原食。吃了羊肉，还一定要喝一碗羊肉汤。羊肉汤是大补之物。内地人讲吃韭菜"健身"，可以滋阴壮阳。新疆人会说："羊肉嘛，女人吃了漂亮，男人吃了有力量！"炖羊肉汤的讲究是撇去过多的羊油，再撒些洋葱末或香菜。趁热喝下去，味美可口，能感觉到一股热气在胸中回荡，仿佛真的增添了力量。

新疆少数民族的手抓肉反映了新疆的民风民俗，折射着新疆人喜欢大块吃肉、大碗喝酒的风格和性格。新疆物产丰富，新疆人待人热情，慷慨大方。手抓肉这种古朴的、独特的、带有原始风趣的吃肉方式，会让您想起塞北的古风民俗，在脑海里激起阵阵涟漪，引您遐想、怀恋、憧憬和陶醉，从而使您对新疆富饶的草原和各族人民的热情好客产生强烈的向往之情。亲爱的朋友，到了新疆千别忘了来尝尝手抓肉！

瓜果甘甜的新疆

美味的食物见证了一个民族的历史，美味的瓜果反映了一个地区的特色。提起瓜果，大家首先想到的可能是南方丰富的雨水孕育出的苹果、梨子、香蕉和桔子。然而，您可知道，"甜"，甜不过新疆的葡萄；"香"，香不过新疆的香梨；"白"，白不过新疆的小白杏。

"吐鲁番的葡萄，哈密的瓜，库尔勒的香梨人人夸，叶城的石榴顶呱呱。"这段大家耳熟能详的民谣，就是"瓜果之乡"新疆最好的见证。在这美丽富饶的土地上，在优质的天山雪水的浇灌下，民谣中所唱的瓜果仅仅是少数代表。此外，还有数不清的地区特色品种：小白杏、巴旦木、无花果、桑葚、蟠桃、核桃、伽师甜瓜、和田大枣……可以说，新疆的一年四季，干鲜瓜果不绝于市。其品种之多、产量之大、品质之优、营养价值之丰富，堪称中国之最。

吐鲁番盆地的"金串串"

古诗有云："葡萄美酒夜光杯，欲饮琵琶马上催。"酒香，源于果实的丰硕，而这种独特的果实，不是哪里都可以培育。新疆吐鲁番盆地，这片全中国气温最高、日照时间最长的风水宝地，生长着一种集天地之灵气、凝世间之精华的果中珍品——葡萄。

若想对葡萄有一份刻骨铭心的记忆，莫过于开始一段美好的葡萄沟之旅。8月盛夏，酷暑难耐，但与内地不同的是，吐鲁番盆地却到处散发着葡萄蔓的清新和葡萄的浓郁香味。这一抹与众不同的气息，多多少少给我们这些都市过客的心头带来丝丝凉意。乡下，村头，沟里，到处是厚实的葡萄架，郁郁葱葱。在藤蔓的缝隙间，可以看到那累累下垂的果实。坐罢，轻采几串葡萄，慢慢回味这沁人心脾的甜，听老农讲一段葡萄的过往，甚是怡心。

早在两三千年前，中亚古国和中国新疆地区就已种植葡萄。在中国古代史籍中，这一地区属于"西域"。西域盛产葡萄，既有考古证

葡萄沟

明，也不乏文献记载。从唐代开始，"吐鲁番"这个名字就与"葡萄"紧紧联系在一起了，这是地理与果实的唇齿相依、水乳交融。直到今天，当我们说出"吐鲁番"时，脑海里的第一反应便是"葡萄"。反之亦然。不知是吐鲁番造就了葡萄，还是葡萄成就了吐鲁番。

吐鲁番的葡萄为什么这么甜？大多数尝过新疆葡萄的人都会这么问。新疆地处中国西北内陆地区，远离海洋，属温带大陆性气候。这里冬冷夏热，雨量少，气候非常干燥；晴天多，日照充足。虽然气候干燥，降雨少，但由于日照充足，使高山冰雪消融，为农作物输送来宝贵的水。白天温度高，可以加强农作物的光合作用，有利于养分的积累；夜间温度低，农作物的呼吸作用减弱，减少了养分的消耗。因此，新疆的瓜果长得特别大，也特别甜。

新疆葡萄的栽种方法也与其他地方不一样。每到深秋，葡萄就会

葡萄

掉叶子。为了使它能安全过冬，就要在冬天尚未来临时把葡萄藤用泥土埋好，等到春暖花开的时候，再把土扒开，把葡萄藤支上葡萄架。大概两三个星期后，葡萄就会重新长出幼苗。到了初夏，葡萄叶子就会长得十分茂密了，看上去像一道道碧玉屏风，非常壮观。叶子层层叠叠，在阳光下摇曳，让人联想到盛夏时又香又甜的葡萄。不过葡萄还很小，没有熟，叶子特别密，这时候就需要剪枝了。剪枝要专剪阻挡阳光照射的枝叶，使葡萄能更充分地吸收阳光，多结果子。大约到中秋时节，葡萄就熟了。

新疆葡萄甲天下，而尤以吐鲁番的葡萄最负盛名，可谓驰名中外。一般4月底就有葡萄熟了。到了8月，葡萄可就多了，满大街都有卖的。您若是到葡萄沟，一边欣赏歌舞，一边吃着葡萄，那可就是绝妙的享受了！到了葡萄收获期，看那满园的葡萄沉甸甸地垂下来，压得藤蔓喘不过气来。有的晶莹如珍珠，有的鲜亮似玛瑙，有的绿若翡翠。那五光十色、鲜嫩欲滴的葡萄，令人垂涎不止。尤其是最受人喜欢的无核白葡萄，皮薄、肉嫩、多汁、味美、营养丰富，素有"珍珠"之美称，含糖量高达20%—24%，超过了美国加利福尼亚州的葡萄，居世界之冠。新疆葡萄栽培历史悠久，品种资源十分丰富，有无核白、马奶子、百家干、木纳格、黑葡萄、和田红、喀什哈尔和粉红太妃等600多个品种。

很多人觉得葡萄好吃，大多是因为葡萄味甜，水分充足，入口柔滑，余味醇香。我却觉得这种认识太过于感性，不能很好地体现出葡萄的价值。其实，从中医的角度来讲，葡萄可以算是"高含金量"的水果了。中医认为，葡萄性平，味甘酸，能补气血，强筋骨，益肝阴，利小便，舒筋活血，暖胃健脾，除烦解渴。现代医学则证明，葡萄中所含的多酚类物质是天然的自由基清除剂，具有很强的抗氧化活性，可以有效地调整肝脏细胞的功能，抵御或减少自由基对它们的伤害。此外，它还具有抗炎作用，能与细菌、病毒中的蛋白质结合，使它们失去致病能力。国外的研究证明，新鲜的葡萄、葡萄叶和葡萄干都具有抵抗病毒的能力。葡萄含铁量较高，对于缺铁性贫血患者来说，食用葡萄干大有裨益，是治疗的辅助措施。葡萄中含有丰富的葡萄糖及多种维生素，

自家的葡萄格外甜

饱满的葡萄果实 累累硕果

对保护肝脏，减轻腹水和下肢浮肿的效果非常明显，还能提高血浆白蛋白，降低转氨酶。葡萄中的葡萄糖、有机酸、氨基酸和维生素对大脑神经有兴奋作用，对肝炎伴有的神经衰弱和疲劳症状有改善效果。葡萄中的果酸还能帮助消化，增加食欲，防止肝炎和脂肪肝的发生。

葡萄可以酿酒，酿出的酒如同那半掩头纱、轻歌曼舞的西域女子般摄人心魄。波斯人称葡萄为"生命饮料之树"和"月亮的圣树"。在波斯王宫中，司酒是一种很体面、很重要的职务，享受大臣待遇。希罗多德说，波斯人习惯于在陶醉状态中讨论重大事情，认为喝醉酒通过的决定要比清醒时做出的更加可靠。在促进波斯诗歌、音乐和舞蹈的繁荣方面，葡萄酒的确发挥了很大作用。鲁达基、欧玛尔·海亚姆等人的诗歌中，葡萄酒和美人是最常出现的意象。在酒杯的辉映中，情人面颊上的红晕是一个仙境。

新疆葡萄酒已有乡都、新天、西域和楼兰等知名品牌。然而，在新疆葡萄酒中，我最感兴趣的是一种民间葡萄酒——慕萨莱思。慕萨莱思是西域最古老的葡萄酒，也是中国现今流传的唯一纯手工酿制的葡萄酒。唐人诗句"葡萄美酒夜光杯，欲饮琵琶马上催"中的"葡萄美酒"指的就是慕萨莱思，高昌王朝向唐朝廷进贡的"西域琼浆"也是慕萨莱思。但慕萨莱思与葡萄酒有所区别，确切地说，它是介乎葡萄酒和葡萄汁之间的一种纯天然含酒精的饮品。火洲闻名遐迩的"清凉世界"——葡萄沟，位于吐鲁番市东北 13 千米的火焰山峡谷中。葡萄沟是一条不太深的切蚀沟，南北长 8 千米，东西宽约 0.5 千米，最宽处可达 2 千米。一条小溪流贯其间，沟侧岩隙中时有汩汩的泉水渗出，沟中绿荫蔽日，满沟全是层层叠叠的葡萄架，花果树木点缀其间，村舍农家错落有致，山坡高处还有许多空心土垒砌成的专门晾晒葡萄干的"晾房"。葡萄沟现有葡萄田 400 公顷，年产鲜葡萄 6000 多吨，葡萄干 300 多吨。这里的无核白葡萄干鲜绿晶亮，酸甜可口，在国际市场上享有很高的声誉，被称作"中国绿珍珠"。葡萄沟有一座"西部酒城"，其实是一座小型葡萄博物馆，它向我们展示了慕萨莱思酿造的全过程：将成熟后的鲜葡萄洗净，榨成汁，将葡萄汁兑两倍的水置于一口大锅内，先用大火再用文火慢慢熬煮，一直熬到相当于原汁的量，再装入大缸或坛子里，加盖密封，放在向阳的地方让太阳晒，

吐鲁番火焰山

使其发酵，约 40 天后就酿成了。慕萨莱思在缸里发酵时，有的会发出"咕噜咕噜"的类似于水沸腾的声音，有的会发出"砰砰砰"的爆炸声。高明的酿酒师听响声就能判断出慕萨莱思的成色和质量了。与现代工艺酿造的葡萄酒不同，慕萨莱思的颜色有些暗淡、混浊，有点混沌初开的样子，又好像有一场沙尘暴钻进去把它搅浑了。这种最古老、最原始的葡萄酒无疑具备这样的特点：质朴，天然，醇厚。喝着它，会使人产生回归自然和乡野的感觉。维吾尔人在酿造慕萨莱思时喜欢添加一些别的东西。加入枸杞、红花和肉苁蓉等药材，是最常见的。和田人喜欢在慕萨莱思中加入玫瑰花，使其更加芬芳醉人。有的阿瓦提人则把整只烤全羊放入其中，待羊肉完全溶化于酒中，捞起羊骨架，慕萨莱思就酿成了。这种慕萨莱思营养很丰富，也最为混浊，有人干脆把它叫作"肉酒"。设在葡萄沟与吐鲁番市之间的果酒厂，

这里的葡萄香又甜

葡萄熟了　　　　　　　　　　　　　　　　　　　　　葡萄干晾房

引进了国内一流的葡萄酒酿造、贮存、灌装的生产流水线，葡萄、哈密瓜、桑椹罐头和浓缩汁软包装生产流水线，以及一个可容纳数千吨瓜果的大型冷藏库。这里生产的吐鲁番全汁葡萄酒畅销全中国。在葡萄沟深处，还有专为中外旅游者修建的一处占地数千平方米的葡萄游乐园。这里浓荫蔽日，铺绿叠翠，泉流溪涌，曲径通幽，甜蜜的葡萄，醉人的歌舞，令人心旷神怡。

　　吐鲁番也是中国葡萄干的重要生产基地。吐鲁番位于新疆天山东部山间盆地，那里的葡萄种植面积达 50 万亩，葡萄年产量 50 万吨，拥有葡萄品种 100 余种。吐鲁番的葡萄干产量更是占据了中国的 4 成还多。新疆葡萄干根据选用葡萄种类的不同，可分为无核白、特级绿、无核绿香妃、无核玫瑰香妃、无核红香妃、王中王、马奶子、男人香、玫瑰香、金皇后、香妃红、黑加仑、沙漠王、巧克力、酸奶子、琐琐、喀什哈尔和日加干等。用无核白鲜葡萄晾制的葡萄干，含糖量高达 60%，被人们视为葡萄干中的珍品。葡萄干的加工方法主要有 3种。一是在阳光下直接曝晒，制成褐色葡萄干。二是在荫房中晾制。新疆境内只有吐鲁番盆地及和田地区可如此制作。这里气候干燥，秋季气温高，常刮干热风。荫房设在房顶或山坡上，高 3 米，宽 4 米，

葡萄干

长 6—8 米，用土坯砌成，四壁布满通风孔道。室内有排排木架，把成熟的葡萄一串串挂在上面，在干热风的吹拂下，30—45 天即成为色泽碧绿、状如珍珠、肉软清甜、营养丰富的葡萄干。著名的新疆无核绿葡萄干即以此法制成，其含糖量高达 69.71%，含酸 1.4%—2.1%。三是快速制干法。先将葡萄经脱水剂处理，再在荫房内晾干或以烘干机烘干，大大缩短制干时间。新疆生产葡萄干的历史悠久。据《太平广记》记载，在南朝梁国大同年间（535—546），高昌国（在今吐鲁番县）曾派使者向梁武帝贡献葡萄干。吐鲁番所生产的葡萄干，除销往中国各省市外，还出口到日本和东南亚等地。

葡萄作为新疆的特色水果和吐鲁番的招牌产品，受到了世人强烈的"追捧"。无论是生吃、制干、酿酒，还是药用，其价值都非常高，无愧于吐鲁番的"金串串"之称。

果中"明星"哈密瓜

到新疆旅游，如果不尝一尝正宗的哈密瓜，那就相当于到了北京没见天安门一样，不算真正来过新疆。哈密瓜，新疆最具特色的水果之一，以其个大肉足的形象，清脆鲜香的口感，以及纯正悠长的后味深受人们喜爱，是水果中当之无愧的"明星"。

"哈密瓜"之名来头可不小，它出自康熙大帝的金口玉言。1698

年，清廷派理藩院郎中布尔赛来哈密编旗入籍，哈密一世回王额贝都拉热情款待。经过多次品尝，布尔赛对清脆香甜、风味独特的哈密甜瓜大加赞赏，建议额贝都拉把哈密甜瓜作为贡品向朝廷进献。这年冬

哈密瓜

天，额贝都拉入京朝觐。在元旦的朝宴上，康熙大帝和群臣们品尝了这甜如蜜、脆似梨、香味浓郁的"神物"之后，个个赞不绝口，但都不知"神物"从何而来。康熙大帝问属臣，属臣均不知叫何名。初次入朝的额贝都拉答道："这是哈密臣民所贡，特献给皇帝、皇后和众臣享用，以表臣子的一片心意。"康熙大帝听后思忖，这么好的瓜，应该有一个既响亮又好听的名字，它既产诸哈密，又贡诸哈密，何不就叫"哈密瓜"呢？康熙言毕，群臣雀跃，齐呼万岁圣明。从此，哈密瓜名扬四海。

几百年前的康熙大帝也许不会想到，当初为哈密瓜命名，却引起了现代商标注册中一场戏剧性的"大战"。为了争夺哈密瓜的原产地证明商标，新疆哈密地区和吐鲁番地区进行了一场旷日持久的"战争"。1995 年，哈密地区申请注册哈密瓜原产地证明商标，理由是"哈密瓜"之称相传出自康熙之"御批"，而此后，新疆的这种特产甜瓜均被称为"哈密瓜"。哈密人认为，哈密瓜品牌是老祖宗留下的，应该保护好这个遗产。然而，哈密人的做法惹恼了近邻的吐鲁番人，因为据考证，哈密王当年进献的哈密瓜并非产自哈密，而是出自与哈密相邻的吐鲁番地区的鄯善县。这场商标争夺战一打就是 7 年，其间，双方动

纳西干甜瓜

用了大量人力物力来论证哈密瓜原产地的归属，甚至还邀请了外省区的专家。但最后基于共同利益和保护品牌的责任，双方终于走到了一起。利益共享，提高产品质量，保护品牌，成为双方的共识。

为什么一个名称引来了两地持久争夺？哈密瓜真的这么有价值？如果您有这样的疑问，那说明您对哈密瓜还不太了解。古人有云："凡瓜甜而美者，皆哈密来也。"新疆哈密瓜得名很早，古称甜瓜或甘瓜。哈密瓜有"瓜中之王"的美称，含糖量在15%左右，形态各异，风味独特，有的带奶油味，有的含柠檬香，但都味甘如蜜，奇香袭人。哈密瓜原产于鄯善地区，是鄯善历史上的名优特产，也是新疆最出名的食品。甜瓜品种达100多个，形状有椭圆、卵圆、扁锤和长棒形等多种；大小不一，小者1公斤，大者15—20公斤；果皮有网纹、光皮两种，色泽有绿、黄、白等；果肉有白、绿和桔红，肉质分脆、酥、软；风味有醇香、清香和果香等，较为名贵的品种有50多个。东湖瓜网纹美观，味如香梨，鲜甜脆嫩，散发着诱人的奶香、果香和酒香。

黑眉毛外形椭圆，皮上有十几道墨绿色的纵条花纹，宛若美女秀眉；瓜肉翠绿，质细多汁，含糖量高，粘口粘手；入冬后食之，更是香气袭人，甘甜爽口。红心脆，色泽橙红，酥脆多汁，含奶油味，浓香四溢，食后余香绕口，经久不散。黄蛋子皮色金黄，形圆个小，肉如羊脂，松软味甜；室内置放一瓜，满屋生香。雪里红，新疆哈密瓜研究中心育成的厚皮甜瓜，属早中熟品种，果实发育期约40天，果实椭圆形，果皮白色，偶有稀疏网纹，成熟时白里透红，果肉浅红，肉质细嫩，松脆爽口，入口即化，口感似香梨，中心折光糖15%以上，单瓜重约2.5公斤。准噶尔盆地东沿的五家渠垦区博采众长，培育出网纹香、香梨黄等新品种，引人注目。

　　新疆的甜瓜除了哈密瓜外，品种和分布均为广泛，新疆13个地区和自治州普遍都有种植。名产区东疆有哈密，南疆有喀什及吐鲁番盆地的吐鲁番、鄯善和托克逊3县。北疆的米泉、石河子和沙湾都是后起之秀。吐鲁番和喀什素有甜瓜乡之称。早在元、明时期，甜瓜已

纳西干瓜地

广为种植。元初李志常在《长春真人西游记》中赞道："甘瓜如枕许，其香味盖中国未有也。"天山南北的多数绿洲都可以种植甜瓜。

甜瓜与新疆的其他水果不同，受到地域环境的限制，只能在疆内种植；虽然疆外也有局部地区种植，但是质量和产量远不及疆内。新疆的特殊地理位置和自然环境，仿佛就是为哈密瓜和其他品种的甜瓜"量身打造"的一般，浑然天成。新疆地处欧亚大陆腹地，属于典型的大陆性气候，终年少雨，气候干燥，日照时间长，昼夜温差大，加之土壤含钾量高，土质疏松，含沙量大，略呈碱性，这些都是有利于甜瓜生长的得天独厚的地理条件。

哈密瓜好吃，但季节性很强。为了能在一年四季品尝到它，聪明的新疆人就利用新疆气候干燥的特点，将新鲜的哈密瓜晾制成哈密瓜干，既好保存，又便于运往全中国乃至世界各地。晾制哈密瓜干的方法很简单，把新鲜的哈密瓜洗净，掏籽去皮。在分割皮和瓜肉的时候，稍带一点生瓤，据说这样可以去火，吃起来口感也更清脆些。为了迎

街边的哈密瓜摊位

晾制哈密瓜干

合现代人对健康和质量的要求，在制作过程中，人们将传统手法与现代技术相融合，制作出来的哈密瓜干品质特优，味甜，质软，且富含韧性，常吃能活血补血，补充人体所需的葡萄糖、微量元素及各种维生素等。哈密瓜干可直接食用，也可制作各种糕点，如用瓜干、杏干、葡萄干掺大米做成的甜抓饭，更富有独特的民族风味。新疆哈密瓜干，因口味独特，老少皆宜，产品远销国内外，是居家待客、旅游休闲和馈赠亲友的理想食品。

哈密瓜不但好吃，而且营养丰富，药用价值高。哈密瓜含蛋白质、膳食纤维和胡萝卜素等，果肉有利小便、止渴、除烦热和防暑气等作用，可缓解发烧、中暑、口渴、尿路感染和口鼻生疮等症状，是夏季解暑的佳品。哈密瓜对人体造血机能有显著的促进作用，可以作为贫血的食疗之品。如果常感到身心疲倦、心神焦躁不安或是口臭，食用甜瓜就能有所改善。现代医学研究发现，哈密瓜等甜瓜类的蒂含苦毒素，能刺激胃壁的黏膜引起呕吐，适量内服可急救食物中毒，而不会被胃

哈密瓜

肠吸收，是一种很好的催吐剂。甜瓜香甜可口，果肉细腻，而且果肉愈靠近种子处甜度越高，愈靠近果皮越硬，因此皮最好削厚一点，吃起来更美味。

中医认为，甜瓜类的果品性质偏寒，还具有疗饥、利便、益气、清肺热和止咳的功效，适宜于肾病、胃病、便秘、贫血和咳嗽痰喘患者。甜瓜不仅是夏天消暑的水果，而且还能够有效防止日晒斑的生成。夏日紫外线能透过表皮袭击真皮层，令皮肤中的骨胶原和弹性蛋白受到重创。长期下去，皮肤就会出现松弛、皱纹和微血管浮现等问题，同时导致黑色素沉积和新的黑色素形成，使皮肤变黑、缺乏光泽，造成难以消除的太阳斑。而甜瓜中含有丰富的抗氧化剂，能够有效增强细胞抗晒防晒的能力，减少皮肤黑色素的形成。另外，每天吃半个甜瓜可以补充水溶性维生素 C 和 B，能确保机体正常新陈代谢的需要。甜瓜中钾含量很高，可以帮助维持人体正常的心率和血压，有效预防冠心病；同时，钾还能够防止肌肉痉挛，促进损伤的肢体康复。

孔雀河畔梨儿香

有一种梨，还未成熟就会被大量订购，进而远销海外。在它成熟的时候，还会经常看到一种现象——梨子落地便成"一滩水"。而这种自然现象在内地的大多数梨园不会出现，只在孔雀河畔才会有。在美丽的孔雀河畔，一阵微风吹过，浓郁而独特的香味飘过，引得蜂飞蝶舞，乐得果农陶醉，游人忘归，这都缘于此地的一种香梨——库尔勒香梨。

要想了解地地道道的库尔勒香梨，还得从孔雀河说起。相传很久以前，古焉耆国有一位公主。这位美丽的公主整日郁郁寡欢，不知什么原因，这让一直暗恋她的大臣之子塔伊尔看在眼里，急在心里。有一天，公主忽然做了一个梦，她在梦中品尝到了从未尝过的香梨，心情顿时舒畅不少，昔日的快乐又重新找到了。于是，她告诉国王想要找到这颗梨树，国王便立刻下令悬赏能找到梨树的人。塔伊尔知道这是一个机会，于是不远万里，跋山涉水，勇战飞禽走兽，经过 3 个月的苦苦寻找，终于找到了这种梨树并把它移植回来。公主见后果然大喜，和塔伊尔两人一起悉心照料梨树。日子一天天过去了，随着梨树长大，两人也产生了深厚的感情。可是，就在他们准备结婚时，梨树的所属国酋长派人暗杀了塔伊尔，并将塔伊尔的尸体抛进王国附近的

香梨

河中。公主知道后，痛不欲生，在最后一次浇灌完梨树后，也毅然决然地投河自尽，以死殉情。在投河的刹那间，河中凌空腾起两只优雅缠绵、比翼双飞的孔雀，于是人们就将此河命名为孔雀河。

而对于库尔勒香梨本身的由来，却有着另一个更为凄美的传说。相传，古代库尔勒有一个叫艾丽曼的聪明而漂亮的姑娘。为了让瀚海边沿的父老乡亲们吃上梨子，她不畏艰险，跋山涉水苦苦找寻优良的梨树苗，东至大海，西至南国，历时整整3年。终于有一天，她找到了一个优良品种，便将这些梨树与本地野梨嫁接，然而只有一株嫁接成功。在她的悉心照料下，梨树开了花，结了果，香气扑鼻，随风飘逸，产出的梨子清脆多汁，甘甜可口，人们高兴地称它为"奶西姆提"。这件事传到当地地主那里，他想把梨树抢来据为己有，可是遭到了姑娘的拒绝。一气之下，地主残忍地将姑娘杀害并把梨树砍倒。然而，第二年春天，梨树却奇迹般地长出了嫩芽，还开了花，结了果。人们说这是姑娘的灵魂使然，于是把梨树移走，并广泛培育。这样一来，库尔勒香梨就诞生了。

传说毕竟是传说，无据可查，无证可究。库尔勒香梨的由来，实际上要追溯到汉唐时期。从古至今，就因为它优良的品种和独特的香甜，以及那凄婉动人的传说，库尔勒香梨广泛地被人们所接收和喜爱。别看是一颗颗小小的梨子，库尔勒香梨可是在全世界都获得过大奖的"腕儿"。在20世纪20年代举行的法国万国博览会上，

库尔勒香梨

在参展的 1432 种梨中，库尔勒香梨被评为银奖，仅次于法国白梨，被誉为"世界梨后"。中华人民共和国成立以来，库尔勒香梨曾多次在全国果品评比中夺冠，1957 年在全国梨业生产会议上被评为第一名；1985 年又被评为全国优质水果；在 1999 年昆明世界园艺博览会上，库尔勒香梨获得金奖。自 1987 年进入国际市场以来，库尔勒香梨畅销不衰。1986 年 9 月，英国女王伊丽莎白在北京人民大会堂吃了库尔勒香梨后，频频点头，连声称道。从此以后，库尔勒香梨就被指定为招待贵宾的上乘果品。

俗话说，"好山好水产好梨"。孔雀河的河水灌溉和滋润着库尔勒香梨。纯净的高山融雪水，富含矿物质和负离子。日复一日，年复一年，没有和大气进行交换的水中保留了营养素，顺山体而下，沿沟渠东去，浸润着天山脚下大片大片的梨园。加之新疆日照充足，昼夜温差较大，极易使梨子保持水分和糖分，这就是库尔勒香梨比其他品种的梨味道更胜一筹的缘故。熟透的香梨表皮很难用水洗净，因为其外表包裹着一层厚厚的糖分，就像保护膜一样，隔绝了空气和养分的交换，减慢了氧化的速度。库尔勒香梨皮极薄，带皮入口后没有任何残渣感觉；采摘时，从树上掉下来即成碎片，入口消融，甘甜酥脆，回味悠长。糖分多一分过甜，少一分偏淡；肉质也恰到好处，不是纯粹的脆烈，也无绝对的绵柔，咬一口下去，酥软中略含清脆，颇有一种刚柔并济的口感，只有尝过的人才能品得出。库尔勒香梨的平均含糖量在 9.75% 以上。

别看库尔勒香梨皮薄肉细酥脆，但极耐贮藏。采摘后，如果一时难以食用完，或者有意要存放至冬季，那么，找一个无人居住的房间或土窑便可，扎堆而存，注意通风换气，到来年春天，梨子也不会发霉变质，口感也不会受到任何影响。梨子反而会随时间的推移，色泽变得金黄，散发出浓郁的香气。梨子的延伸产品也很丰富，涉及医药、保健等多方面，不仅可以生食，而且可以做梨酒、梨膏等相关食品，

并有润肺、凉心、消痰和解疮毒酒毒的医疗作用。

经常食用库尔勒香梨的人会发现，每个梨子的模样都不一样。事实上，库尔勒香梨从外形上还有公母之分。梨头上的脐凸出的为公梨，凹陷的为母梨。一般说来，母梨酥脆肉细，公梨稍显肉粗核大。在库尔勒和乌鲁木齐，人们不在乎特级梨，只偏爱母梨，一箱全母梨的价格甚至高出特级梨。尤其是在冬季，若能品尝到库尔勒的香梨，那就是十分"体面"的事了。捱过漫长的冬季，就到了短暂而又美好的春天了。每年4月初，从冬眠中苏醒的库尔勒绿洲上仿佛下过一场大雪，梨花铺天盖地，无边无际，花香蜂鸣，游客络绎不绝。

库尔勒香梨选择生长在天山高山上的野梨籽育苗作砧木，具有抗寒、抗旱和抗病虫害的优势。梨树成活后第2年或第3年嫁接，5年后挂果，10年后进入盛果期。梨树一般分成3层，高3米左右，有的品种可成活百年而不朽。传统的香梨不授粉，梨不足100克，成熟时梨色金黄，皮薄肉细，酥脆爽口，有人形容为甜若蜂蜜，香满口鼻。

香梨树

每到香梨成熟的季节，果园里都飘荡着浓浓的香味。若在屋里放几箱熟透的梨子，满屋都会充盈着带着酒味的清香。无论糖分、水分还是香味，国内外其他梨均难与其媲美。

了解库尔勒香梨的人都知道一个叫铁门关的地方，这里的香梨个稍大，色泽光鲜，肉质酥脆，水分充足。这是由于铁门关远离尘世，隐蔽在崇山峻岭中土地肥沃的孔雀河岸上，光热资源丰富，平均日照时数9小时以上。在高温和强光照条件下，光合效率较高，梨树高大，枝繁叶茂，人称"世外梨园"。铁门关是库尔勒香梨的原始产地，是瀚海梨的第一个落脚点。当然，这其中也不乏人为传颂的原因。

库尔勒香梨，怎一个"甜"字了得？除了味道爽口之外，库尔勒香梨还有很高的营养价值。现代医学认为，香梨含有丰富的碳水化合物，水分充足，富含多种维生素、矿物质和微量元素，能够帮助排毒，还能够软化血管，促进血液循环和钙质的吸收，维持机体的健康。同时，梨还对"三高"症状有重要的缓解作用，对治疗高血压、高血糖和高血脂有重要的医药价值。如果不小心感冒发烧了，没有关系，吃几个库尔勒香梨，不仅可以缓解头痛、发烧等症状，还能生津止渴、开胃健脾，虽不是"包治百病"，但也确有良效。

天山圣果巴旦木

走在新疆的特色产品市场，您会看到各色各样的干果，而这其中最多的当属巴旦木，那大筐小筐里金灿灿的装得满满的便是它了。对新疆而言，巴旦木就如同这个地区的名片一样，广为疆内外和海内外所知晓，也如同餐馆里的"招牌菜"一样，使得每个走进新疆的人都不得不要来品尝。

新疆的巴旦木是从古波斯传入的，从唐代开始种植，已有1300多年的历史。本土的巴旦木青出于蓝而胜于蓝，比国外的巴旦木含油、

巴旦木

含糖量要高得多，味道也是更香更甜。这应当得益于新疆得天独厚的自然条件，早晚温差大，日照时间长，干旱。为适应此环境，植物在体内大量积累糖分和油分，所以，新疆的瓜果特别香甜。在维吾尔人日常生活用的刀柄、花帽和地毯上，我们经常会见到一种古朴的月牙图案，这种图案就是取自维吾尔人民喜爱的名贵特产巴旦木。新疆人对巴旦木的喜爱深入骨髓，仿佛已经和他们的魂魄和思想连在一起，不可分离。

新疆人民是很聪明的。同一种产品，竟然可以做出不同的味道来。更重要的是，每一种巴旦木的口味都是那么招人喜爱，而且是那种爱到骨子里的喜爱。新疆巴旦木品种繁多，有30—40种，分为5个大家族，分别是软壳甜巴旦杏品系、甜巴旦杏品系、厚壳甜巴旦杏品系、苦巴旦杏品系和桃巴旦杏品系。前两个家族的最佳品种是纸皮巴旦、软壳巴旦，维吾尔语称"皮斯特卡卡孜巴旦木""卡卡孜巴旦木"，这可以算是巴旦木中的极品了。毫无疑问，纸皮巴旦木皮薄，果实丰硕，便于食用，口感香脆，用手指轻轻一捏，硕大的果实便会脱壳而出。与之相反的是厚壳巴旦木，外皮相对厚实，不易剥落，有时甚至要用轻便的小工具才能剥开。当然，厚壳品种也有一个优点，就是营养保存较为丰厚。至于苦巴旦木，建议大众口味的朋友还是不要去尝试了，因为那实在是少数人的最爱。其余的几种巴旦木都各有千秋，这就是新疆每种巴旦木都深受欢迎的缘故。

要想观看和品尝正宗的巴旦木，不妨到乌鲁木齐的"东环大市场""北园春"走一走。那里的巴旦木原汁原味，没有任何的矫揉造作。在那里，您会直观地看到所有品种。从巷头串到巷尾，每一家商贩都是那么热情，抓一把请您品尝。他们不单单是为了销售，更多的是一种由心而生的自豪，因为那一筐一筐的巴旦木如他们的希望一样，泛出一片金黄。

巴旦木主要产在天山以南喀什绿洲的疏附、英吉沙、莎车和叶城等县，有股特殊的甜香味。据说巴旦木的营养价值很高，新疆人都拿它当滋补品。巴旦木尤其是维吾尔家庭日常生活中不可缺少的干果之一。每逢果园里的巴旦木成熟时，大家都会络绎不绝地前去选购采摘。从口味上区分，巴旦木可分为原味、甜、蒜香、五香和椒盐等五大类。其中，椒盐巴旦木是以盐为主料，附加各种香料先腌制再烘干而成，果仁里面有盐粒和香料，咸得不是那么绝对，带着椒盐和少量糖分混合的味道，吃起来后味很足，让人忍不住吃过一颗还想吃第二颗。原味的巴旦木很硬，像一个杏核，里面的果仁很甜，口感脆，但吃起来比较费劲。所以，椒盐薄皮巴旦木最受大家的喜爱和欢迎，维吾尔人称其为"卡卡孜巴旦木"。"卡卡孜"在维吾尔语中是"纸"的意思，引申为"薄"。食用前，只需用手轻轻一捏，饱满厚实又香甜的巴旦木仁就露了出来，也有人称它"纸皮巴旦木"。甜味巴旦木就是将甜巴旦木制成酱食用，在医学中取得了良好的效果，可用于肾虚患者的辅助治疗，因为其口感好，又无毒副作用，患者乐于接受，可长期服用。

　　巴旦木的营养价值在医药上用途很广，它有清肺、解饥、散寒、驱风、止泻等性能，通常用于止咳祛痰，是治疗气管炎、哮喘、胃肠炎和酸碱中毒等疾病的良药。在喀什的维吾尔医药中，60%的药都含有它的成分，民间维吾尔医生用其治疗高血压、神经衰弱、皮肤过敏、气管炎和小儿佝偻等疾病。维吾尔人近视发病率明显较汉族人低，与本民族一些好的生活及饮食习惯有关。甜巴旦杏是维吾尔人经常食用的一种食品。从某一方面讲，在长期的食用中，甜巴旦杏发挥了它的明目作用。

　　有实验证明，巴旦木的营养价值要比同等重量的牛肉高出6倍。这是因为果仁内含一半以上的植物油，蛋白就占3成左右，并含有少量维生素A、B1、B2和消化酶、杏仁素酶、钙，同时含有铁、钴等18种微量元素。小小的巴旦木仁里藏着巨大的能量和营养价值，这些不仅受到国内人士的追捧，就连外国朋友也很认同。一些国家酿有巴旦杏乳、巴旦木酒补品及苦仁制的镇静止痛药剂。美国的一些医院常以巴旦木粉来治疗儿童糖尿病和癫痫等症状，成效十分显著；近年来，又制成苦巴旦木球蛋白氢氯化物新药，专治流行性病毒感冒。美国芝加哥洛约拉大学生物系任主任哈罗德·曼纳在

巴旦木

研究巴旦木的成果报告中提出，苦巴旦木仁可治疗癌症。

当然，巴旦木吸引人的地方不仅仅是它的味道和药用价值，极高的保健功能使它无可厚非地成为新疆土特产中的佼佼者。科学研究表明，巴旦木可以保护肌肤，因为它是一种富含维生素 E 和类黄酮抗氧化剂的健康食品。一把巴旦木可以提供 7.3 毫克维生素 E，而维生素 E 可以有效对抗自由基，起到保湿护肤和减缓衰老的作用。它还有利于心脏健康。巴旦木中高达 70% 的不饱和脂肪酸有助于降低"坏"胆固醇水平。食用巴旦木，可以有效降低人体胆固醇及甘油三酸酯含量，减少心脏病发作的潜在威胁。巴旦木的另一个重要作用就是维护肠道健康。相关研究结果显示，巴旦木具有益生元特性，可以通过增加肠道内的有益菌，改善肠道健康，促进排便。如果您想控制体重，巴旦木也是一个不错的选择。食用巴旦木会让人产生明显的饱腹感，从而帮助控制对于其他高热食品的摄入；其次，巴旦木所含的膳食纤维让脂肪吸收率降低，从而有效控制体重。所以，许多女性很推崇巴旦木——这种美容加减肥的滋补营养品，有谁会不喜欢呢？巴旦木还有一个作用，就是维持血糖水平。研究发现，早餐中食用巴旦木的人们在早餐及午餐后会有更强的饱腹感，并且血糖浓度能得到有效控制。这项研究结果能够帮助糖尿病前期病人纠正暴饮暴食和饮食行为不当的习惯，降低病情加剧的风险。

里外都是肉的小白杏

提到"龟兹王国"，您可能想起历史古镇"库车"；提到"丝绸之路"，您可能想起经济重镇"库车"；提到"中国白杏之乡"，您能不能想起"库车"呢？在这片神奇的土地上，生产出了中国乃至世界独一无二的小白杏。它有着 2000 多年的历史，现在保留下来的优质品种就有 20 多种，有的大如鸡蛋，有的小似荔枝，红、白、黄交织于一体，像一个

杏花竞春

美丽的维吾尔姑娘一样千姿百态，分外妖娆。这其中，"阿克西米西"属极品中的极品，汉语意思就是"白色蜂蜜"，果肉厚，纤维少，汁液多，甜味浓。浅咬一小口，用舌尖轻轻一品，小白杏的香甜即刻满口生香，浓汁滑入肺腑，润泽五脏，美妙情状令人难以释怀。用当地人的话说："阿克西米西，甜得很！吃吧！一下子能从牙齿甜到腰子上去呢！"

"一个杏子一包蜜，色香味浓又如意。"如果说，没吃过吐鲁番的葡萄、哈密的瓜是一件非常遗憾的事，那么，没有吃过库车乌恰镇的小白杏，将是人生更大的遗憾。在果农"阿克西米西小白杏"的吆喝声中，在"园里杏花红灿灿，可别当成花儿看；人家情人对你笑，千万不能把她恋……"的歌声中，看着附近的恋人们成双成对在果园中游玩，不知不觉就到了库车最大的果园——乌恰果园，随处可见的就是当地人称之为"杏园子"的"农家乐"。这里举办过南疆国际诗会的开幕式，诗人西川说自己就像一个不劳而获的巴依（地主），这是一名旅行者面对当地居民的惭愧之情和敬仰之心。"杏园子"不同于内地的"农家乐",也不同于吐鲁番的"葡萄廊"。抬头一看,阳光穿过绿叶照射着发黄发亮的小果子;深吸一口气,空气中满是杏子的清香味儿;用手一摸,果实又圆又滑。这时,相信您再也抵制不住它的诱惑。何不让这个香甜爽口、汁水丰富的"白色蜂蜜"来满足一下自己的食欲呢?但不要吃多哦——不是果农不愿意,而是吃杏容易上火。

吃了杏肉,杏核可千万别扔,用牙齿一咬,里面还有味道可口的"小杏仁",这也是"里外都是肉"的缘由。据当地人介绍,古人在夯土筑墙时,将杏核放在墙体内,一方面起加固建筑的作用,另一方面有驱邪辟魔之功效。这就是古龟兹人的聪明才智和丰富的想象力。北方的杏仁多为苦杏仁,它的作用不亚于南方的甜杏仁,不仅是治病的良药,还是美味菜肴的原料,如香煎杏仁南瓜饼、西芹杏仁炒虾仁等。

那年8月底,我出差到库车,满心期望着品尝一下库车小白杏,

杏子

谁知小白杏已下架。在当地人的介绍下，我到小白杏最大的批发市场——火车站碰碰运气。商贩到处都是，吆喝声此起彼伏，但摆的不是杏子，而大部分是杏子酒、杏干、杏仁和杏脯。我一边看产品介绍，一边询问商贩：什么时候能吃上"阿克西米西小白杏"？他自信地说："小白杏已经是我们的支柱产业，不仅畅销全中国，还畅销东南亚地区。一到六七月份，杏子跟我们做生意的一样，赶巴扎，抢市场，你追我赶，一展风采。不过，杏子加工出来的产品也很不错，可以买点儿尝尝。"要想吃上真正的小白杏，大家就在六七月杏子"打架"的季节里，来到新疆，来到库车吧。热情好客的新疆人，绝对会"杏园任您游，杏树任您摘，杏子任您吃"。您还可以目睹果农们爬高下低摘杏子，从早到晚剥杏皮，以及房前屋后晒杏干的繁忙景象。

杏子熟了

杏干　　　　　　　　　　　　　　　　杏脯

您享受的不仅仅是"杏福"的盛宴，回味更多的则是新疆独有的杏子文化。

　　提起小白杏，不得不说一下色买提杏，这是英吉沙"三宝"之一，跟英吉沙的小刀和达瓦孜一样久负盛名。有这样一个传说：早在几百年以前，英吉沙县的艾古斯（今英吉沙县艾古斯乡）住着一位名叫色买提的果农。由于难以忍受当时天干地旱的灾情，他就近西上帕米尔高原，到中亚一带逃荒，无意中发现当地有一些极好的杏子树种。返乡后，他将从异国带回的几棵杏苗栽到自家果园，没想到当年就奇迹般地开花结果，而且比异国的杏子还要个大色亮，饱满香甜。第二年，色买提又将这种杏枝嫁接到其他杏树上，照样成活挂果。后来，他将自己的房前屋后乃至整个果园都嫁接上了这一杏种，从此大发杏子之财。消息传开后，村民们纷纷请教，色买提便将一生积累的全套管理经验传授给村民，使全村人如获至宝。后来，为了纪念这位德高望重的老人，人们就把这种来自异国他乡，经他精心培育的杏子命名为"色买提杏"。英吉沙县地处昆仑山公格尔峰北麓，塔里木盆地西缘。这里的气候四季分明，但靠近山区一带的乡村昼夜温差特别大，极其适宜瓜果积累糖分，而色买提杏便出自这里。因此，色买提杏被人们称为"冰山玉珠"。目前，英吉沙县已被国家林业局命名为"中国色买提杏之乡"，是中国重要的优质商品杏生产基地。

杏子大丰收

俗话说："桃养人，杏伤人，李子树下抬死人。"大家不必担心，库车的小白杏不仅不伤人，而且药用价值极高，这就是它的神奇之处。中医药名著《本草纲目》中就总结出杏仁的三大功效：润肺，消积食，散滞气。中医常用杏子润肺化痰、清热解毒。杏仁能滋阴强肾，提高自身免疫力。杏仁油霜的营养成分对干燥和损坏性皮肤有补偿和治疗作用，可以说是具强身健体之功效，男女皆宜。最新研究成果表明，杏子中含有的大量维生素B17，被认为是最有前途的抗癌元素之一，所以小白杏又称"抗癌神果"。特别是英吉沙的色买提杏，每100克杏肉含糖量达18%，胡萝卜素达1.9%，蛋白质达0.9%，并含有微量硫胺素、核黄素、尼克酸、抗坏血酸、钙、磷和维生素等，具有很高的保健及防癌功效。库车的小白杏含水53%，其余为氨基酸、维生素、糖分和各种消化酶等11种对人类有益的化学元素，其营养价值比鱼高2倍，对减肥美容、肠结便秘、动脉硬化、营养不良、消化不良及神经衰弱有一定疗效，有百利而无一害。

浑身都是宝的新疆大枣

　　俗话说："宁可三日无肉，不可一日无枣。日啖大枣三粒，青春常驻不老。"大枣丰富的营养已成为中国饮食习俗中不可或缺的内容，煲汤、炒菜和主食都有大枣的存在，这主要取决于它悠久的历史、丰富的营养和顽强的生命力。大枣，又名红枣，自古以来就被列为"五果"（桃、李、梅、杏、枣）之一。大枣最突出的特点是维生素含量高，有着"天然维生素丸"的美誉。临床研究显示，连续吃大枣的病人，恢复健康的速度比单纯吃维生素药剂快三倍以上。大枣适应性强，有着顽强的生命力，素有"铁杆庄稼"之称，具有耐旱、耐涝的特性，成为各地重要的经济农作物。

　　新疆大枣产量非常丰富，品种也非常繁多——哈密的大枣、喀什的小红枣、和田的玉枣和若羌的灰枣等，举不胜举。若羌灰枣、哈密

皮薄肉厚的新疆大枣

青枣

大枣及和田玉枣代表了新疆大枣的特点。新疆大枣的营养价值和药理
作用均属中国之上品。

4000年之前，古老的新疆若羌就有一个美丽的传说：想要心上
人跟您永远在一起，只要能找到对枣，请她吃了后，她就死心塌地和
您在一起，永不分离。"若羌对枣"也由此成为中国独一无二的品牌。
若羌对枣又称"吊干枣"，因其均在树上自然风干而得名。长期风吹
日晒，使得若羌对枣具有皮薄、肉厚、质地较密、色泽鲜亮、含糖量高、
口感松软和纯正香甜等特性，吃一颗回味无穷，甘甜入心。若羌对枣
又被誉为"华夏第一枣"，这主要得益于特定的地理环境。若羌县位
于新疆南部塔克拉玛干沙漠与昆仑山脉阿尔金山中间，东与甘肃、青
海两省相连，南与西藏接壤，长期冰川融水灌溉，最高昼夜温差28
度，光热资源丰富，无霜时间长，使得若羌对枣含有多种氨基酸等丰
富的营养成分（蛋白质、脂肪、醣类、有机酸、维生素 A、维生素 C
和微量的钙），长期食用胜似灵丹妙药。

　　说到这，人们都会想起哈密——新疆的门户及兵家必争之地。到过新疆的人都知道她的存在，同时也了解了"哈密大枣"。传说，当年周穆王巡游西域，路过五堡（现在的哈密市五堡乡）。在围观的人群中，有一位身材高挑、深眼窝、高鼻梁、棕黄头发的姑娘格外抢眼。周穆王看着美丽的姑娘，又看看周围的人群，发现当地人与中原人长得大不相同，就忍不住问姑娘："你们是这里的土著吗？"姑娘微笑着说："我们已在这里生活很多年了。"周穆王点点头，又问："我一路走来，总感到你们跟葱岭、楼兰一带的人长得很像，是不是一个祖先？"姑娘吃惊地说："陛下说得一点不错，我们同属一个祖先，我们这一支来到哈密盆地，就在这里定居下来。"姑娘说着，把手中的石盘举向周穆王跟前说："请陛下尝尝我们的枣吧。"周穆王低头一看，惊叹道："呵，这么大的枣！走遍华夏，尚未见过。"随即小心地拿起一个，放进嘴里慢慢嚼了起来。姑娘与众人一看，穆王已陶醉得闭上了眼睛。许久，周穆王缓缓睁开眼睛，连声赞叹："妙哉，

枣园

蜜枣

妙哉！这是什么枣？"姑娘忙答："这是我们这里的特产，最早是野枣，后来我们自己种植了。"周穆王感叹："真想不到，西漠有如此好枣。看来，这里气候干燥，烈日当头，居然因此别有造化，也是天意。"哈密大枣也就"一举成名天下知"。后来，唐太宗李世民品尝过哈密大枣，将其封为"贡枣"，从此成为历代皇室贡品。

一方水土养一方人，一方水土同样孕育着精良的果实。哈密大枣以五堡大枣最为珍贵。五堡乡地处吐哈盆地边缘，气候干燥，盛夏白天温度高达 40℃ 以上，昼夜温差 20 多度，无霜期长达 220 天以上。特殊的环境和气候造就了哈密五堡大枣皮薄、肉厚、核小、味甜和营养价值高等品性，特别是其中含有人体不能合成的 8 种氨基酸，为红枣品系中之上上品。原全国政协副主席塞福鼎·艾则孜在 1997 年 4 月曾挥笔题词："哈密大枣，天下一绝。"这样的圣果，我想无论是出差、探亲还是旅游的朋友，都难免"一吃为快"吧。

新疆还有一种枣类，与若羌对枣、哈密大枣一同被称为"枣中三宝"，那就是和田玉枣。和田位于新疆最南端，地处北纬 38.6°—40.1°，是世界公认的"水果优生区域"。这里拥有最适合红枣生长的无污染碱性沙化土壤，长达 15 小时的日照为和田枣提供了更充分的光合作用条件。充沛的光热资源和富含矿物质元素的昆仑山冰川雪水资源，使和田枣的矿物质更加丰富。天山雪水灌溉，天然土壤培育，不施农药化肥，也使得和田玉枣成为真正意义上的无污染、无公害的"天然绿色食品"。

新疆和田枣与其他红枣相比，果形大，颗粒饱满，果肉厚实，皮薄核小，营养丰富，口味更甜醇，每一颗和田枣都是自然精华的结晶，堪称枣中极品。和田玉枣与众不同的是核

和田玉枣

小，在新疆民间也俗称为无核枣。其实不是没核，只是核特别小，吃起来仿佛忘了它的存在，只觉得枣像玉一样纯净，像玉一样美丽。

8月到10月，颗颗大枣竞争彩头。远看，果实红得厚重，如落日的余光；细看，颗颗大枣饱满圆滑，如刚出浴的美人。这时，您不妨扶老携幼到枣园走上一遭，自摘鲜果，共同分享。和家人围坐在淳朴的青石板桌边，拈一颗刚采摘的红枣，当视觉和味觉完全被枣的外表吸引的时候，味蕾彻底释放。舌尖轻点，只听得"嗑嗑"一声脆响，外红里青，甜爽可口。口感如同枣本身的个性一般，耐涝耐旱，不挑剔，不柔媚，脆得热烈，爽得彻底，沁人心脾。如果您想买新疆大枣，千万要记住，颜色发黄、发灰或发白的很可能不是真正的新疆枣。如果发酸，或者没什么味道，也肯定不是新疆枣。新疆若羌对枣个小最瓷实，哈密大枣补血效果好，和田玉枣个大肉厚实。

阿克苏的苹果顶呱呱

　　阿克苏在维吾尔语里意为"清澈的水"，它位于南疆地区，自古以来就有"塞外江南""瓜果之乡"的美称。这片土地气候宜人，地势平坦，土壤肥沃，水源丰富，光照充足，无霜期长，不仅是旅游的好去处，也是各类农作物生长的好场所，有着红枣、薄皮核桃、红富士苹果、杏、香梨、葡萄和甜瓜等特色产品，最负盛誉的还应算"冰糖心"苹果。来新疆的朋友大概都想一边观赏这片神秘的土地，一边品尝冰糖一般甘甜的苹果，这就是阿克苏的神奇所在，阿克苏苹果的魅力所在。

　　若是评价阿克苏的苹果，您或许认为像在做宣传、"侃大山"。我们先来看看这"家伙"所获得的荣誉吧！阿克苏"冰糖心"苹果多次在中国苹果评比中获金奖，远销港澳、新马泰和俄罗斯等国家和地区；1992 年荣获亚太经合会第 48 届会议《荣誉证书》；1993 年获中国颁发的《绿色食品证书》；2001 年被评为"新疆农业名牌产品"，

阿克苏苹果

被消费者协会评为"推荐商品"。2007年，北京举办"2008北京奥运推荐果品评选"活动，在 11 个国家和地区的 480 多个产地推荐的果品中，阿克苏"冰糖心"夺得苹果类唯一的一等奖。下面，我们来

红彤彤的苹果令人垂涎

说说阿克苏苹果如何名不虚传。

新疆阿克苏苹果素有"水果皇后"的美誉，个大，果形正，色泽鲜艳红润，外表光滑细腻。光这卖相，就足够让人垂涎三尺。而"糖心阿克苏"与一般苹果相比，更是甜到心窝里，经常食用，可起到帮助消化、养颜润肤的独特作用。其中的"冰糖心"苹果，仅产于天山南麓、塔里木盆地北缘的阿克苏红旗坡农场。昼夜温差大，全年无霜期长，光照时间长的气候特点，成就了享誉新疆内外的阿克苏"冰糖心"苹果。

大家也许会问，为什么起名"冰糖心"？因为这种苹果的含糖量几乎是苹果中最高的，果核部分糖度太大，出现透明现象，因而叫作"冰糖心"。这些"冰糖心"经常形成各种规则的图案，似花瓣，似雪花，是区别于其他产地红富士苹果的重要标志之一。苹果成熟期，漫步在苹果园，看身前身后那结满果实的枝头，殷红剔透的果子三五一簇，仿佛即刻就要果熟蒂落般似的。别犹豫，摘几颗下来便是，稍稍一擦，就可食用。对着阳光一照，隐隐约约是个半透明体，咬一口下去，最先刺激的是听觉，"嗑嗞"一声，清脆无比。而后，那几乎过分的甜裹挟着刺激味蕾的化学成分，任由糖分肆意席卷着胃壁，一阵蜜甜淌

入心里，您会情不自禁地发出感叹——太甜了！是的，阿克苏的苹果就是这么甜。"冰糖心"因其色泽自然、表相优良、肉质鲜嫩、香气浓郁、汁多味甜、酥脆爽口、皮薄无渣的独特口感和独一无二的内在品质，赢得消费者的青睐，具有良好的产品认知度和品牌美誉度，已经成为阿克苏乃至新疆的一张"无字名片"。

大家也可能会问，阿克苏苹果为什么水分那么足，那么脆？除了独特的地理环境外，还有一个重要原因是，阿克苏苹果的采摘时间严格控制在每年的10月底，而内地苹果的采摘时间都在8月或9月。阿克苏苹果的生长期得到充分延长，并在低温状态下采摘，使得水分特别足。

您可能还会问，为什么阿克苏苹果又光又亮？这是因为阿克苏属暖温带干旱型气候，年均气温7℃—8℃，降雨量较小，但水量丰富。阿克苏境内有阿克苏新大河、老大河及长年不冻的多浪河流过，年径流量

苹果挂满枝头

阿克苏"冰糖心"苹果

114亿立方米,还有储量5亿立方米的地下水,天然的河流湖泊与人工水渠、水库等组成密布的水网。果品生长期病虫害发生极少,再加上干旱少雨,霉菌不易生成,减少了病虫害、霉菌和农药对果面的侵蚀机会。因此,阿克苏红富士苹果果面光滑细腻,色泽光亮自然。

"一天一苹果,医生远离我。"苹果的食用价值不用再多强调。但是,如今随着假冒伪劣产品的出现,"冰糖心"也难免受其所害。要是想尝尝正宗的阿克苏苹果,还是要仔细甄别一番的。真正的阿克苏苹果,果型为特有的卵圆形,果品向阳面有斜角;果面色泽自然,底色为黄绿色,整个果面黄、绿、红色自然过渡;果面有隐约的果点;果面越擦越亮,有一层天然的蜡质,没有任何粗糙、刮手的感觉,这也是其他同类果品所不具备的;果品切开后,果肉泛轻微的淡黄;果品有着独特、浓郁的香味,清香宜人;肉质鲜嫩,汁多味甜,酥脆爽口,酸甜适宜,皮薄无渣。当然,还有一个最简单的辨别方法,就是横着切开看，真正的"冰糖心"果核部分由于较多的糖分堆积，形成晶莹剔透、如蜂蜜结晶体一般的效果，这是其他红富士无法仿冒和克隆的。

"无冕之后"无花果

金秋时节，走在乌鲁木齐的大街小巷，您经常会看到售卖金黄色无花果的小摊。无花果被维吾尔同胞奉为"圣果"，不仅味道甜美，具有医疗价值，它那"深藏不露"、醇厚甜蜜的特性，更像是新疆人朴实热烈的性格，也难怪新疆人对它有着一种特殊的感情。

除东北、西藏和青海外，无花果在中国其他省区均有种植。虽然分布面广，但大片集中的极少，大多零星分布。无花果是目前中国栽培面积最小的果树种类之一。因此，虽然无花果的栽培利用历史悠久，但是由于栽培面积极小，我们也只能把它列入第三代水果的范畴。然

水果拼盘

无花果树

而，它的发展空间是极其广阔的。

很多内地人对无花果不太了解，可能顶多听说过其药用价值。为什么叫"无花果"呢？果树并不是真的不开花。实际上，无花果本身就是一朵花，由花蕊、花托和花冠组成。它的花朵在内部的子房里，确切地说是在果实的雏形里。蜜蜂会从底部的小洞里钻进去，然后使花朵受精。我们吃的是它膨大的花序轴。维吾尔语称它为"安居尔"，意为"树上结的糖包子"。

在新疆，要想品尝到正宗的无花果，那就必须到"无花果之乡"——阿图什市。它位于新疆维吾尔自治区西南部，地处天山南麓，塔里木盆地西缘，属边境市，东部、南部与喀什地区为邻，西部和东北部与乌恰县、阿合奇县交界，北部隔天山南脉与吉尔吉斯斯坦毗连，是克孜勒苏柯尔克孜自治州首府所在地，距自治区首府乌鲁木齐市 1433 公里。您大可不必担心路途遥远，阿图什距喀什航空港仅 30 公里的距离，交通十分便捷。

说起阿图什的无花果，在新疆民间有一个古老传说。相传，无花果的故乡不是阿图什，而是库尔勒。古时候，有个大巴依想霸占库尔勒，让库尔勒人做他的奴隶。勤劳勇敢的库尔勒人拿起武器与巴依展开了血战。可惜，人民的反抗斗争失败了。当巴依占领库尔勒的时候，在染着农民鲜血的土地上，长出了一丛丛枝繁叶茂、无花而实的灌木，那就是死难者的化身——无花果。"为什么无花果是金色的？"人们唱道："那是反抗者金子般的心。""为什么无花果里布满红丝？"人们唱道："那是反抗者复仇的火焰。"巴依对此也十分惧怕，令人把无花果树砍掉。一个穷人悄悄挖了一棵树苗，日夜兼程，想把它送回老家喀什。没料到，走到阿图什，他就去世了。虽说故事让人叹惋，但阿图什以宽广的胸怀、肥沃的土地和惊人的毅力，孕育着无花果健康成长。无花果也以经济的繁荣和世人的关注回报这座城市。

　　传说归传说。实际上，早在唐代或唐代以前，无花果就由丝绸之

无花果

路传入中国，至今已有1300多年的历史。成书于公元860年前后的《酉阳杂俎》载："阿驿出波斯。波斯人呼为阿驿。拂林人呼为底珍。树长丈余，枝叶繁茂，有叉如蓖麻。无花而实，色赤如椑柿。一月而熟，味亦如柿。"

阿图什素以"无花果之乡"而著称，无花果质量为中国第一。它一年两熟，7月为夏果盛季，10月为秋果旺季，所以，7月—10月间常有成熟的鲜果，是观光旅游的最佳季节。在无花果园的葡萄架下品尝甘甜可口的无花果，给人一种赏心悦目、清爽温馨的惬意。可想而知，游人进入"仙人果"园，犹如进了世外桃源。

维吾尔群众之所以喜食无花果，是因为它有很高的营养价值。阿图什的无花果含糖量高达24%，甜而不腻，甘而可口，望而思食，食则忘返，具有滋补、健脾、祛风湿和防癌等作用，是维吾尔医学中不可缺少的药材，被当地人称为"大府之品"。"此果只应天上有，人

各色干果令人垂涎

间何曾几处多？"因为无花果的糖分集中在核心，当地人食用这种美味有个不成文的习惯，先用手拍一拍，让糖均匀散开，这样吃起来就更加可口，大家不妨试一下。

在新疆的很多地方，您都能看到无花果的身影。地毯、建筑、小刀和服饰上经常绘有无花果的图案。果熟时节，集市、街边都有果农和小贩用柳条筐、搪瓷盆盛满扁圆、金黄的无花果招徕顾客。在一些维吾尔餐厅门前，总能见到几盆无花果树，细细的枝干上结着几颗青色小无花果，羞涩地掩盖在宽大的叶子下面。餐厅老板在忙碌之余，也不忘怜惜地为无花果树洒上一些水……这就是新疆人对无花果的喜爱之情，也正是无花果的魅力所在。

无花果的药用价值不可小觑。无花果含有苹果酸、柠檬酸、脂肪酶、蛋白酶和水解酶等，能帮助人体消化，促进食欲，又因其含有多种脂类，故具有润肠通便的效果。所含的脂肪酶、水解酶等成分有降低血脂和分解血脂的功能，可减少脂肪在血管内的沉积，进而起到降血压和预防冠心病的作用。无花果还有抗火消肿之功，可利咽消肿。未成熟果实的乳浆中含有补骨脂素、佛柑内酯等活性成分，其成熟果实的果汁中可提取一种芳香物质"苯甲醛"，二者都具有防癌抗癌、增强机体抗病能力的作用，可以预防癌症，延缓移植性腺癌和淋巴肉瘤的发展，促使其退化，并且对正常细胞不会产生毒害。

甜到心坎上的下野地西瓜

"我们新疆好地方，天山南北好牧场，戈壁沙滩变良田，一年四季瓜果香……"这首歌不仅是对新疆的赞美，也是新疆的真实写照。"一年四季瓜果香"更是毫不夸张，"早穿棉袄午穿纱，围着火炉吃西瓜"就是新疆独有的特色。吐鲁番的葡萄、哈密的瓜尽人皆知，但又有谁知道，还有一个叫下野地的地方，还有一种下野地的西瓜？这就是新疆这块辽阔土地的奥妙。

　　"下野地"所属的新疆兵团八师石河子市，是一块胜似江南的好地方，也是新疆农副业生产基地之一。而"下野地西瓜"更有"全疆第一瓜"的美誉。它以大著称，每个在 10 公斤左右，最小的也在 6 公斤左右。关于它的传说有很多，但最具有神奇色彩的还属下面这个：

　　古老的龟兹国有一个善良美丽的村姑迪丽拜尔，她的歌声就像百灵鸟一样优美动人，给贫苦乡亲带来了无尽的快乐。她走到哪里，歌声就飘扬到哪里。大家就像喜欢自己的孩子一样喜欢她。不久，她能歌善舞的事被当地的头人知道了。头人强迫她做自己的小妾，迪丽拜尔誓死不从。头人买通了迪丽拜尔的一个同乡，在她喝的水里面下了药。从此，迪丽拜尔变成了哑巴，不能再为乡亲们歌唱。当时，有一个叫亚森的年轻人一直爱慕着迪丽拜尔。他看到迪丽拜尔很痛苦，心如刀割。一天，他做了一个梦，梦里有一个仙人告诉他，在遥远的海瀚有一种叫塔吾兹的灵丹妙药，可以治好迪丽拜尔的嗓子。于是，他经历千难

连绵大漠

万险，终于在海瀚找到了塔吾兹。迪丽拜尔吃下塔吾兹后，果然又恢复了往日动人的歌喉。为了让更多的人能享受到塔吾兹的神奇魔力，乡亲们把塔吾兹的种子带了回来，在自己的田地里种植，许多嗓子有病的人也都治好了。塔吾兹又甜又滋润，成了人们喜爱的一种瓜果，就这样一代一代地流传下来。塔吾兹也就是今天的下野地西瓜。

下野地位于天山北麓，准噶尔盆地南缘，古尔班通古特大沙漠南边缘，属典型的大陆性干旱气候，土壤属于砂石质地，夏季炎热，日照时间长，光热资源充足，昼夜温差大，白天气温高达 30℃以上，夜晚气温骤然下降到 15℃左右。砂石起到了保墒的作用，既积累了养分，又为根茎提供了大量的水分，为西瓜的再生长提供了养精蓄锐的有利条件。

下野地人对西瓜情有独钟。不论是本地人还是外地人，只要您光临他们的瓜地，他们都会热情地为您摘上一个最好的瓜请您品尝，让您一饱口福。此时，您千万不要客气，只管放开胃口狼吞虎咽。吃完

草原牧场

西瓜地

了，主人会端来一盆太阳晒得温热的水让您洗手洗脸。洗完了，都不需要擦干，过不了一会儿，脸上的水就会被田野的微风吹干，那种惬意和清爽是任何高级化妆品都无法企及的。

在下野地，无论大人小孩都喜欢把晒干的馍馍掰成小块泡在西瓜里吃，美其名曰"西瓜下馍"。半个西瓜和一个馍馍就是他们的一顿饭，个个吃得心满意足，仿佛胜过所有美味佳肴。下野地的瓜农走亲戚最好的礼物就是一麻袋西瓜，西瓜送到了，情意也就到了。冬天去下野地的人家，您会品尝到他们精心储藏的西瓜。坐在暖暖的炕头，品尝着已经过去的季节的西瓜，仿佛又回到了瓜果飘香的盛夏。这时您会说，我真有口福。下野地的瓜分夏瓜和冬瓜两个品种，夏天的瓜熟得快，错一天采摘都不行。摘早了，瓜瓤生硬，少了沙甜的甘美；晚了，熟过头了，只剩下丝丝络络的纤维，入口干巴巴的，没有了水分和甜蜜的滋味。秋瓜成熟的时间比较晚，但它是下野地西瓜生命延续的象征，利于冬季的储存和保管。

下野地人保管西瓜很有一手。新疆冬天的寒冷是众所周知的，−20℃的天气是很常见的。为了保持西瓜的原汁原味，经过多年的实践，瓜农摸索出了一个天然的储存方法——瓜窖。采摘以前，在瓜田的中央挖一个足够储存所有西瓜的窖，拉来几车干净的黄沙。等瓜熟了，一层瓜一层厚厚的黄沙整齐地放在窖里，上面用檩条做支架，把枯萎了的瓜秧搭在上面，压土覆盖。在适当的位置留一个天窗通风，然后把门密封起来。这是一个创造性的绝招，到了冬季就会有客商上门来收购。打开瓜窖，您会惊叹这种储存方法的高明：西瓜的表皮变得墨绿油亮，手摸上去有粘涩的感觉，仿佛糖分马上要喷涌而出，再看看葱绿新鲜的瓜蒂，细细的、毛茸茸的，就像刚刚从秧上采摘下来的一样。这时的价格比夏天翻了几番，一公斤没有三五块钱是买不来的。这可是反季节的瓜，自然是难得的美味。尝一口，甘甜浓郁，全然没有隔季的怪味道。这样的瓜窖几乎每个"瓜客子"家都有，甚至一家好几座呢。

黄瓤西瓜

下野地人把种瓜的人亲切地称呼为"瓜客子"，意思是他们是种瓜的行家里手。下野地大部分男人都是"瓜客子"，当然也不乏女中豪杰。闲暇时漫步在田间地头，您会看到一个个从头到脚包裹得只剩下两只眼睛的人，在刚刚长出小苗苗的瓜地里侍弄瓜苗，这就是女"瓜客子"。

硕大的西瓜

由于她们心细，耐得住寂寞，把所有的希望和感情都寄托在了瓜上，秋后她们的收成往往比男"瓜客子"要丰厚得多。这道惹人眼的风景每年都会重现。此情此景，您心中就会生出许多遐想："全副武装"的她一定是一个朴素聪颖、漂亮贤惠的美人。瓜熟蒂落的季节，云淡风清的夜晚，在月光下品尝她种的瓜，是神仙也难得的惬意和美妙吧！

下野地人夏天在家里是不准备解渴的茶水的，渴了随手切一个西瓜，或坐或蹲就地解决，他们把"杀瓜"叫"打瓜"。下野地人把西瓜当成了最解渴的饮料和水果，而且是最甜美的那种。下野地人在卖瓜的时候敢理直气壮地说："下野地的西瓜，不甜不要钱！"充足的底气由不得您不掏出钱来，买上尽大力气才能扛动的西瓜回家。

下野地的瓜农把西瓜作为一剂治病的良方。如果家里有谁上火、口腔溃烂或者得了哮喘、咳嗽，在晚上摘一个西瓜，把西瓜的顶部去掉，掏去部分瓜瓤，然后放上切成薄片的梨片和红枣，放在瓜地里。夜里的露珠落在瓜里，就变成了"西瓜露"。等天亮把西瓜、梨片和红枣一起吃下，病情就会大大减轻。

著名作家董立勃就出生在下野地，他的小说《米香》《白豆》里写的就是下野地的故事，故事的主人公吃的也是下野地的西瓜。下野地是一片充满了诱惑和诗意的热土，优美的故事和变迁的传奇重复着在古老的西域上演着辉煌。

下野地的西瓜在都市的闹市区是按牙卖的。卖瓜的是清一色的维吾尔人。在市场的一隅，一张简易的桌子和一把2尺许的瓜刀就是一个买卖的全部。桌子上摆满了一牙一牙的西瓜，翠绿的皮，鲜红的瓤，老远就闻到了瓜的香甜。不用主人吆喝，走过去随手拿起一牙就吃，一牙瓜就可以吃饱人。吃完了，留下一元钱就走人。这种只看东西不看人的随意买卖是其他任何地方都没有的。之所以西瓜要论牙买，是因为下野地的西瓜实在是大得没有道理，一个西瓜十五六公斤是再平常不过的了，买了囫囵的往家里拿是一个不小的问题。

西瓜虽好吃，但也不可吃得过多。因为西瓜性味寒凉，吃得过多易伤脾胃，引起腹痛或腹泻。特别是中寒湿盛者及胃病患者应少食或忌食西瓜，感冒初期患者也应忌食西瓜。

一般人们吃完西瓜就把瓜皮随手扔掉了。俗话说："10斤西瓜3斤皮，弃之真可惜。"用西瓜皮加工成的糖瓜条，清甜爽脆，也是什锦果脯的原料之一。西瓜汁中还含有多种重要的有益健康和美容的化学成分。

不妨想象一下，在连风都是带着热浪席卷人面的夏季，掷一个下野地西瓜于冰凉的水中，不久后取出，大刀一挥，切成个十几牙子，那袭人的冰爽还没触及味蕾，恐怕阵阵的凉意就已经渗透您的心脾。咬一口下去，绵柔酥沙。瓜皮带着原野的清新，和着瓜瓤的脆甜，充斥着人们的味觉。所以，西瓜成熟的季节，每条大街小巷，小商贩的吆喝叫卖和买瓜人的还价声不绝于耳。还有那常常在街角回荡的声音——"老板，切一个薄皮脆沙瓤的下野地西瓜吧！"

石榴花开满地金

从富饶的中原大地到秀丽的川藏山区，从寒冷的东北平原到神秘的西域古城，到处都生长着一种花开灿烂、果实壮硕的水果。到成熟的季节，满山遍野的果实像从天山坠下的金子一般，金灿灿、红艳艳的，招人喜爱。这种水果雅俗共赏，几乎无可挑剔。甜中带酸的口味，令人垂涎不止。每到旺季，总是有小商小贩沿街叫卖，招来人们纷纷抢购。这就是石榴，而石榴之最佳者，应属新疆品种。

据说，石榴原产于当时隶属汉王朝的西域之地，直到张骞出使西域时，才将石榴引入内地。至于是怎么引进的，这其中还有一段佳话。

石榴喜获丰收

红艳艳的石榴

相传，张骞到达西域安石国以后，在他住的房子门前，有一颗树繁花怒放，色艳如火，张骞甚为喜爱，经常站在一旁观赏，后经打听得知是石榴树。后来天旱了，石榴花叶日见枯萎，张骞不时担水浇灌，从而使其枝叶返绿，榴花复艳。张骞完成使命回中原时，安石国国王赠金送礼他都不要，却请求带回那棵石榴树，国王欣然应诺。可不幸的是，在途中，张骞遭到匈奴人拦截，突围时不幸将石榴树遗落他国。张骞为此感到伤心，一路上茶不思饭不想，直到到达长安城。当汉武帝带着百官相迎时，城门前出现一位穿红裙绿衣的妙龄女子，相貌姣好，眼神楚楚动人，似仙女驾临人间。汉武帝及百官皆惊，不知出了何事。张骞定睛一看，也大吃一惊，这不是在安石国下榻时被自己轰出门的那位姑娘吗？原来，张骞起程的前一天夜里，他的房门被轻轻叩开，只见那位姑娘正向他施礼，请求与恩人一同前往中原。张骞一时弄不明白是怎么回事，暗想必是安石国的使女想随自己逃往中原，自己身为汗使，不能因此惹出祸端，于是将其劝出门外。不想今日她又追来。张骞问道："你不在安石国，千里迢迢追赶我们究竟是为何？"那姑娘垂泪回答："奴不图富贵，只求回报浇灌之恩。中途遭劫，使奴未能一路相随。"言罢忽然不见，旋即化为一棵花盛叶茂的石榴树。张骞恍然大悟，向汉武帝禀报了在安石国浇灌石榴树的事。汉武帝大喜，命花工将其移植到御花园中。从此，中原大地就有了石榴树。当然，事实上，使得石榴树广为种植的不是张骞，而是古西域勤劳善良的人民。也许，不知道是何年何月，有人发现石榴树结出的果实原来是如此的可口，于是便一株、两株、三株地种植起来，才有了现在的石榴。

　　10月金秋，乌鲁木齐街头最常见的就是一堆堆的石榴摊位。一颗颗鲜红的石榴在秋日阳光的照射下，火红火红的连成一片，让渐凉的秋天充满了暖意。石榴，维吾尔语称为"阿娜尔"。在尼雅遗址中发现有石榴果文饰，由此可推断，新疆引种栽培石榴距今至少有1600年的历史。石榴成熟季节，漫步在新疆各地的石榴种植园，红黄相间、艳如火球的石榴压弯了枝头，灿烂夺目。新疆的石榴品种有很多，其中有种个大籽甜的石榴最为有名。这种石榴个头和成年人的拳头大小差不多，每颗重达1斤左右。剥开以后，殷红的石榴籽如珍珠玛瑙一般，丰满清甜。轻轻抖动一下，石榴籽便悉数落了下来，置于手中。将其一股脑放入口中，轻轻咬食吸吮汁液，酸甜的汁液便在嘴里喷涌回旋，满满地占据着味蕾。新疆的喀什地区盛产石榴，每年都有很多红彤彤的石榴卖到各地。石榴好吃，可是带石榴籽吃起来比较麻烦，所以，用机器压制的石榴汁开始流行于巴扎中。在新疆的大小巴扎里，您都可以看见一种半自动的压汁机。机器有个摇把，把石榴放到一个铁槽子里，转动摇把，铁板挤压石榴，就会让石榴粉红的汁液顺着底下的一个小嘴子流到杯子里。新疆的石榴要数喀什、和田一带的最佳，其中和田皮亚勒玛乡就是中国著名的石榴之乡，这里出产的"皮亚曼"石榴，果形漂亮，味道鲜美，远销海外。

石榴是一种非常好看好吃的水果，不仅外观红红火火，象征吉祥，果肉也是殷红的，如玛瑙一般，清甜甘酸，十分诱人。有的朋友会觉得吃石榴麻烦，还得一颗颗吐籽，其实不然。营养专家指出，吃石榴吐籽会极大地浪费营养。石榴籽富含大量维生素 C、多酚类物质和类黄酮，这些都是强抗氧化剂，有延缓衰老的作用，还可预防和缓解由衰老引起的疾病。石榴籽中丰富的维生素，不仅能让人皮肤更白嫩，还可以增加血管的弹性，预防心脑血管疾病。酸性石榴对心脏类疾病的预防与疗效尤为明显。多酚类物质和类黄酮可帮助皮肤抵抗自由基伤害，有助于预防皱纹过早形成，还有淡化老年斑的功效。多吃石榴籽还可保护关节，其中的营养物质有促进关节润滑液分泌的功效。此外，石榴籽还能促进排便，容易便秘的朋友不妨一试。但需要注意的是，石榴籽不太容易消化，

榨石榴汁

肠胃不好的人可以连籽咀嚼，然后吐出来。由于石榴的品种不同，籽有软有硬，吃时也要看情况，不习惯的人吃几颗即可，牙口和肠胃功能都不太好的老年朋友可以将其榨汁打碎后饮用。如果把一个石榴和半个苹果一同榨汁，那么其营养价值会加倍的。

石榴不仅味道甜美，它与中国的服饰文化也有着深厚的渊源关系。梁元帝的《乌栖曲》中有"芙蓉为带石榴裙"之填词，"石榴裙"的典故缘此而来。石榴裙源自古代西域，呈喇叭花形状，每当女子舞动之时，喇叭花形状更为明显，由此在中原大地风靡一时。该裙多以石榴红色为主，而当时染红裙的颜料也主要从石榴花中提取而成，因此，石榴裙备受古代妇女喜爱。久而久之，"石榴裙"就成了古代年轻而貌美如花的女子的代称，所以会有"石榴裙下死，做鬼也风流"的调侃之谈。

每年的6月到7月间，新疆叶城县田间的石榴树都会争相吐蕊，花繁叶茂。当地农民在田间劳作小憩时翩翩起舞，构成一派极其美丽祥和的田园风光。一朵朵深红的、大红的、暗红的石榴花迎着盛夏灿烂的阳光深深浅浅地绽放笑脸，人们的笑声、叫闹声伴着照相机的"咔嚓"声，蝴蝶和蜜蜂嗡嗡地欢鸣着穿梭其中，组成了一幅绝妙的田园游乐图。每年的9月底是收获石榴的时节。那时的叶城，枝头缀满了大大小小的石榴，犹如一只只红红的灯笼。大个的石榴，早已裂开朱唇，露出了满口白里带粉的小牙齿。当地人说，采摘时若剪下整个枝条挂在室内，幸福就会悄悄来到身旁。叶城县素有"石榴之乡"的美誉，这里霜期较短，日照时间长，昼夜温差大，土质非常适合石榴的生长。叶城县的石榴基本分为酸、甜两大类，特别是伯西热克乡所产的"达乃克"石榴最为佳品，个大籽满，鲜食为佳，深受广大消费者的青睐。

中秋时节，往石榴园深处走，举目望去，一株株石榴树修剪得有模有样，层层叠叠、密密麻麻地染绿了大片土地；一簇簇火红的

甜甜的果儿迎宾客

石榴花，在嫩绿光亮的叶子的遮掩中，俏皮地探出头来四处张望。怎么形容那一抹颜色呢？像是燃烧在窈窕少女的裙裾之上，灿烂热烈，灼人眼眸。还有许多维吾尔姑娘将石榴花戴在耳边，在树下翩翩起舞，吸引了众人的目光。千年之前，杨贵妃穿着绣满石榴花的红裙袅娜地走过华清池畔时，浮动的暗香惹得群臣纷纷跪拜，才有了"拜倒在石榴裙下"的典故。唐朝诗人李商隐有诗曰："榴枝婀娜榴实繁，榴膜轻明榴子鲜。"石榴树的婀娜身姿跃然纸上。石榴花开自5月，一直可延续到7月底，花期长且灿若云霞。单看那茄形的花朵，从顶端整列为4瓣，像是谁用红玛瑙琢成了花瓶，还精巧地插上了花。

喀什的樱桃赛珍珠

在新疆，当4月的暖风抚摸着城市的大街小巷，冬日的寒意已经从人们减半的穿着上慢慢淡出。街边巷尾，络绎不绝的人群，轻快张扬的步伐，每时每刻都在暗示着，春天来了，天气暖了。如果您漫步在这熙熙攘攘的人群中，不难发现，总是有一种晶莹剔透的红，远远的在小商贩的推车上，折射出诱人的光泽，这就是新疆的特色水果——樱桃。

说起樱桃，人们对它并不陌生。色泽艳丽，果实殷红，甜中带酸，这些都是形容樱桃的。的确，樱桃之美，在于光鲜的外表；樱桃之鲜，因其盛产于初春。而樱桃集万千宠爱于一身的独特，恐怕还要与一段凄婉感人的故事联系在一起。

传说，在很久很久以前，有一个叫莺莺的美丽姑娘和一个落第的秀才相爱着。两人隐姓埋名，过着闲云野鹤的日子，每天日出而作，

卖樱桃的水果商

日落而息，就这样过了 3 年。有一天，秀才突然发现，莺莺由于长年辛劳耕作，身体状况已大不如从前。于是，他决定再次发奋读书，赴京赶考。上京之前，莺莺含情脉脉地对秀才说："不管是 1 年、5 年还是 10 年，我都愿意在门前的树下等你。"秀才依依不舍地带着姑娘的思念赴京赶考去了。果然，上天眷顾，秀才中了金榜状元。皇帝召见他，并封功授爵。他的才华深深吸引了当朝公主，公主把对状元郎的爱慕告诉了皇帝。于是，天降圣旨，命状元与公主成亲。状元知道后，宁死不肯服从，因为他知道，姑娘还在默默地守望着他。结果，他被打入天牢。姑娘知道后，日夜兼程打通了关系，见到了状元，哭诉着哀求他迎娶公主，自己哪怕以后做小，甚至当状元身边的丫鬟都无所谓。但状元始终不肯答应，姑娘只得独自回乡。公主得知此事后，

俯瞰喀什

便心生一计，派人告诉姑娘，状元因为不肯屈从而被赐死。姑娘顿时呆若木鸡，随后，举剑自刎于门前的大树下。状元得知姑娘死后，知道是公主的诡计，便恳求皇帝贬自己为平民。回乡后，状元来到门前的大树下，对姑娘的深深思念和对往事的怀念顿时涌上心头，化为泪水滴落在脚下。一时间，脚下竟长出了小树苗，甚至开了花，结了果。状元一看，那果实竟和姑娘的嘴唇一样，仿佛诉说着什么。于是，他给此树命名为"樱桃树"，并且终其余生守候在树下。就这样，"樱桃小嘴一点红"的说法诞生了。

不俗的传说必然与高雅的果实相联系。说樱桃高雅，一点也不过分。樱桃，别名莺桃、荆桃，属蔷薇科落叶乔木，果实成熟时颜色鲜红，玲珑剔透，味美形娇，营养丰富，医疗保健价值颇高。樱桃在每年 4 月中旬左右成熟，这个季节很少有水果上市，正是"青黄不接"的时候，陈年的水果缺少新鲜感，当年的水果有的还没结果。长时间没有尝到新鲜水果的人们，味蕾多少有些枯燥和乏味。樱桃就如同雪中送炭一般，带着浓浓的春日气息，吸引着人们的眼球，刺激着胃酸的分泌。看到水果商的推车上摆着樱桃，不妨走上去摘一两颗品尝一下。不买也没有关系，热情的老板总不会计较这些的。

樱桃喜温喜光，生于山坡阳处或沟边，适宜在海拔 300—600 米、北纬 33°—39° 之间栽培种植，怕涝怕旱，忌风忌冻，适合于年平均气温 10℃ 以上，早春气温变化不剧烈，夏季凉爽干燥，雨量适中，光照充足的地区栽培。新疆具有适宜的独特气候和水土条件，故而所产的樱桃糖分高，香甜可口，肉厚汁丰，风味独特，营养丰富。喀什的气候较干燥，夏长冬短，6 月—9 月几乎每天都是好天气，而且正是瓜果成熟的时节。樱桃成熟期早，有"早春第一果"的美誉，但喀什的樱桃却是全中国成熟最晚的，长在树上时间久了，也就更比其他地方的樱桃多了一份香甜。

樱桃似乎总与柔美、娇艳、可人有着扯不断的关系。看着成对的

樱桃

果实，仿佛看到了牵着手的娇羞的恋人。徜徉在喀什成片的樱桃林中，低头躲了树枝，挥手赶了蜜蜂，颗颗娇嫩的果实如红宝石般镶嵌在翡翠似的枝叶中。你会觉得就像闯进了王母娘娘蟠桃园的大圣，这棵树上摘两个，那棵树上尝两口。当发现了樱桃味道好的树，一个口哨，旁人就围了过来。虽然声势吓人，但却都很轻柔地摘果，生怕揉碎了娇羞的果实。放一颗入口，滑过唇边，刚咀嚼了两下，美味就随着果汁消融在唇齿间，有种随风轻吻的感觉。

　　樱桃吃起来甜中略带微酸，酸中少许清新，清新不乏厚重，厚重饱含营养。短短的把儿和绿色衬叶，给人一种清爽和满怀希望的感觉。看惯了一整个冬天的灰暗，乍一看这淡淡的绿意，好生舒服。再拈一颗色泽殷红的樱桃放在嘴里，不急于咬破果肉，且在嘴里停留片刻，让樱桃的余香消散在嘴里后，咬一口下去，果肉被挤压后迅速释放出酸甜的汁液，染得满口香甜。樱桃果肉松软而丰富，内核上布满了甜味素，却不是那种透心的甜，淡淡的酸还可以开胃，口感非常好。

据营养学家分析，每 100 克樱桃鲜果中含碳水化合物 8 克、蛋白质 12 克、钙 6 克、磷 3 克、铁 5.9 克，维生素 C 的含量高于苹果和柑橘。樱桃自古就被叫作"美容果"，中医古籍里称它能"滋润皮肤"，"令人好颜色，美态"，常吃能够让皮肤更加光滑润泽。这主要是因为樱桃中含铁量极其丰富，每 100 克果肉中铁的含量是同等重量的草莓的 6 倍、枣的 10 倍、山楂的 13 倍、苹果的 20 倍，居各种水果之首。

樱桃除有丰富的营养外，还有很高的药用价值。它的根、叶、枝、果、核都能入药。果实性温味甘，有调中益脾、调气活血及平肝去热之功效。种核性平，味苦辛，具透疹解毒之效。樱桃还有促进血红蛋白再生的功能，对贫血患者有一定补益；含铁量居水果之首，可预防贫血。它不仅颜色好看，对于女性来说，多吃还能起到美容和预防妇科病的作用，是很多女性的"宠儿"。对于痛风患者来说，樱桃对消除肌肉酸痛和炎症十分有效。它含有的丰富的花青素、花色素及维生素 E 等，都可以促进血液循环，有助尿酸的排泄，缓解因痛风、关节炎所引起的不适，是很有效的抗氧化剂。特别是樱桃中的花青素，能降低发炎的几率，起到消肿和减轻疼痛的作用。因为新鲜樱桃上市时间短，所以有人推荐用樱桃泡酒以便常食。可是，酒是痛风患者的饮食大忌，最好是将鲜樱桃榨汁，或将樱桃整个直接装于高温输液瓶中，放于锅内高温蒸煮消毒后，就可以保证一年不变质了。这样做的弊端是使樱桃中有效成分损失一部分，所以食用时可适当加量。要注意的是，虽然樱桃对缓解关节痛有良效，但绝不能代替必要的药物治疗。经常用电脑的人，手指关节、手腕、双肩、颈部和背部等部位会感到酸胀疼痛，而樱桃中含有的营养素都是有效的抗氧化剂，能够有效消除肌肉酸痛，对人体大有裨益。非痛风患者等不需禁酒的人就可以用樱桃泡酒服用，选择低度的粮食发酵酒，像米酒、黄酒和高粱酒等最适宜。将樱桃酒放在避光、阴凉的地方贮存可延长保质期，大概 8 个月至 1 年都不会有问题。将樱桃用米醋浸泡一周，早晚饮服适量，对改善因长期使用电脑引起的各种症状都很有效。

买新鲜的樱桃是要掌握技巧的，尽量选择有果蒂、色泽光鲜且表皮饱满的。如果当时吃不完，最好储存在 −1℃ 的环境中。樱桃属浆果类，容易损坏，一定要轻拿轻放。

娇艳欲滴的樱桃上，一颗露珠轻柔地划过，淡淡的果香萦绕在身边。直到盛夏，喀什的樱桃依然不绝于市，在琳琅满目的水果中仍占有特殊地位。正因如此，才有了"喀什的樱桃赛珍珠"这个说法。

这里的核桃不一般

中国最好的核桃在新疆，新疆最好的核桃在和田。和田是中国最早种植核桃的地区之一，也是有名的核桃之乡。新疆的考古工作者在巴楚县脱库孜沙来北朝时期古址和吐鲁番县阿斯塔那唐朝古墓中都发

核桃树

掘出核桃等物，说明新疆早在1300—1500年前，就已经有核桃栽培了。新疆核桃的栽培地域十分广泛，从南疆的于田到北疆的博乐，自西端的塔什库尔干到东部的哈密，由海拔47米的吐鲁番至海拔2300米的皮山县桑珠乡，都有核桃的分布。新疆核桃尤以塔里木盆地周围绿洲为最，产量居中国前列，大量销往内地，并远销德国、英国、加拿大和澳大利亚等地。新疆核桃有许多优良品种，主要有纸皮核桃、薄壳核桃和露仁核桃等。

俗话说："桃三杏四梨五年，要吃核桃得九年。"核桃从栽种到结果需要漫长的时间，但是，如今和田的核桃经过改良后，在下种后的隔年就能收获又大又香的特色核桃。核桃属于胡桃科落叶乔木干果。其卓著的健脑效果和丰富的营养价值，已经为越来越多的人所推崇。中国栽培核桃的历史悠久，汉朝时就有"张骞使西域，得还胡桃种"的记载。如今，核桃在中国各地都有种植。长期以来，中国劳动

核桃树长势良好

核桃

人民利用普通核桃和野生核桃资源，精心培育了许多优质核桃新品种。如按产地分类，有陈仓核桃和阳平核桃；按成熟期分类，有夏核桃和秋核桃；按果壳光滑程度分类，有光核桃和麻核桃；按果壳厚度分类，有薄壳核桃和厚壳核桃。中国各地还有许多优良的核桃品种，如河北的"石门核桃"，其特点为纹细、皮薄、口味香甜，出仁率在 50% 左右，出油率高达 75%，故有"石门核桃举世珍"之誉。最为有名的要数新疆库车一带的纸皮核桃，维吾尔人叫它"克克依"，意思就是壳薄，含油量达 75%。这一品种结果快，群众形容它"一年种，二年长，三年核桃挂满筐"。新疆和田县也是栽培核桃最早的地区之一，资源丰富，品质优良，年产核桃达 6000 多吨，占全国总量的 11%，居中国前列。因此，和田县也被列为中国"名、优、特核桃商品基地县"。2002 年，和田县薄皮核桃被国家经济林协会命名为"中国名优果品"。

新疆核桃品种优良，不少核桃树一年能开两次花，结两次果，这是其他省区所罕见的。每到核桃树结果的时候，大片大片的核桃树叶郁郁葱葱，遮天蔽日。往枝叶之间仔细看去，一串串的核桃被油绿油绿的外壳包裹着，饱满得以至于像快要膨胀出来一样，甚是喜人。核桃采摘的季节，大串大串的核桃果被摘下来堆在一起，如一座座绿色堡垒一般。新疆本地的核桃都具有壳薄果硕的特点，不像内地的核桃那样坚硬的绿壳下包裹着不算太大的果实。摘下来之后，果农会利用自然气候将核桃外壳捂干或者风干。时机成熟，用手轻轻一撮，外壳便自然脱落，暴露在眼前的便是硕大的核桃果。经过深加工或微处理后，或直接食用，或制成甜点，或调制补品，被人们尽情利用。

与其他果树不同的是，核桃是经济价值较高的干果、油料、木材和药用"四用"树种。我们常吃的核桃仁中含蛋白质、脂肪和碳水化合物，以及丰富的钙、磷、铁、锌和维生素等。1 千克核桃仁与大约9 千克牛奶、5 千克鸡蛋或 4 千克牛肉的营养价值相当，100 克核桃仁产生的热量是同等重量粮食的 2 倍。

可以说，核桃全身都是宝，其中的磷脂对脑神经有良好的保健作用；核桃油中所含的油酸和亚麻酸是不饱和脂肪酸，有防治动脉硬化的功效。孕妇多食核桃，有利于婴儿大脑发育；儿童多食益智；成年人多食，可润肤、黑发、治燥；中老年人常食，可预防心脑血管疾病。近年来，一捏就碎的"纸皮核桃"非常流行。这种核桃其实就是普通核桃的"变种"，皮薄，仁大，食用方便，营养方面和普通核桃差不多。从某种意义上来说，纸皮核桃和巴旦木一样，已经成为新疆干果的名片了。

从营养学上讲，核桃有很高的营养价值。核桃仁具有补气、养血、润燥、化痰、利三焦和润肺等药用价值。核桃中含天然维生素 E，可使细胞免受自由基的

五香核桃

晾晒核桃

氧化损害，被医学界公认为抗衰老的物质，因而有"长寿果"之称。核桃仁中含有较多的蛋白质及人体必需的不饱和脂肪酸，这些成分皆为大脑组织细胞代谢的重要物质，能滋养脑细胞，增强脑功能。此外，核桃仁还有防止动脉硬化和降低胆固醇的作用，可以用于治疗非胰岛素依赖糖尿病。核桃对癌症患者还有镇痛、提升白细胞及保护肝脏等作用。当您感到疲劳时，嚼些核桃仁，便会感到疲劳感和压力退去的舒服和自在。它同时又是新疆地方名吃切糕的重要原料之一。

核桃的出身虽然不是很"显贵"，但是它的销量却常常蝉联出口干果的榜首。除了鲜食外，新疆的核桃还被加工成核桃油、食品、糖果和饮料等深加工产品，延长了产业链，提升了附加值，因此也远销德国、英国和加拿大等国。

原汁原味的新疆

新疆的蓝天、净水造就了新疆的美食。这些原汁原味的美食，因为是原本的、纯净的，给新疆增添了许多让人难以忘怀的味道记忆。高原上的水，草原上的奶，以及餐桌上的田野味道，都是到新疆来必须体验的。让我们一起进入这些味道记忆中去吧！

好水当从天上来

很多人说到新疆，脑海里也许会闪现干旱、少雨、大漠、风沙、贫瘠之类的词汇。诚然，作为占中国面积1/6的新疆而言，没有江南那烟雨蒙蒙、梅雨纷纷的委婉，也没有云贵那高山峭拔、翠竹林立的绮丽，但就是在这片土地上，却有着全中国最充足的日照，最丰富的矿产，最干净的空气，以及世界最优质的高山融雪水。没有都市的喧嚣，听不到现代机器的轰鸣，也看不到深夜闪个不停的霓虹，在这里，您可以找到最原始的冲动，嗅到那亘古不变的气息，尝到来自天上的"圣水"。这里的水——帕米尔冰川矿泉水，是上天的恩赐。

帕米尔高原是中国的西疆极地，平均海拔5000米以上。它位于新疆喀什市正西和西南的公格尔山和慕士塔格山一带，其最西点接近塔吉克斯坦的喀拉湖。公、慕两山号称"冰川之父"，素为登山胜地。帕米尔是古丝绸之路上最为艰险和神秘的一段。当地有一民谣："一二三雪封山，四五六雨淋头，七八九正好走，十冬腊月开头。"7月—9月是帕米尔高原之旅的黄金季节！帕米尔高原属高寒气候，是现代冰川作用的一个强大中心，有1000多条山地冰川，自然景观垂直变化明显。这里旅游资源丰富，自然景观独特，气候生态多样。境内海拔7546米的慕士塔格峰雄伟壮观，终年积雪覆盖。山脚下到处是奇岩怪石，奇花异草。喷泉、温泉、湖泊和牧场点缀雪岭山谷，石头城、公主堡等距今数千年的古文化遗址散布于巍峨冰峰之间。走进塔什库尔干，会让人知途忘返。

　　帕米尔高原属严寒的强烈大陆性高山气候，特别是东帕米尔的大陆性更为显著。这里冬季漫长（10月至翌年4月），海拔3600米左右，1月平均气温 -17.8℃，绝对最低气温 -50℃，7月平均气温13.9℃，最高不超过20℃。因有高山阻挡西来的湿润气流，年降水量仅75—100毫米，喀拉湖盆地更少至30毫米。西帕米尔多东西向并行山脉，山高谷深，气候的垂直变化很大。来自大西洋的湿润气团遇到山脉的阻挡，沿坡上升而冷却，在海拔2000—3000米的地带凝成浓雾，并有大量降水，高山的迎风坡年降水量可达1000毫米，而谷地仅100—200毫米。

　　特有的地理特征和水文条件，造就了世界上最干净的矿泉水——帕米尔冰川矿泉水。帕米尔是世界三大洁净水源地之一，下层冰封着古老的远古冰川，上万年间从没有和大气及海洋水交换。冰雪融化后，顺着雪山深层地下水脉流到海拔3200米的塔什库尔干塔吉克自治县的 3 处"不老泉"，被直接灌装成了帕米尔远古冰川矿泉水。这种与生俱来的洁净，以及天然山岳磁场赋予的渗透力和弱碱性，使得帕米尔冰川水拥有"人体内环境清道夫"的美名。由于慕士塔格峰地处帕米尔高原，环境特殊，所产矿泉水产品具有"稀有、珍贵、天然、健康"的特点，是优良的健康饮用水。

据统计，在中国新疆，每 10 万人中就有 51.75 个百岁老人（1982年）。1985 年，新疆被国际自然医学会列为世界上 4 个长寿地区之一，其中又以帕米尔高原上的塔什库尔干塔吉克自治县为最。

多数水在 0℃结冰，少数水低于 0℃还能流动，罕有水在 -8℃不流动时仍不结冰。将未开封的帕米尔远古冰川矿泉水置于 -8℃的环境，瓶中的水并不会结冰，但当打开瓶盖并晃动瓶身后，水就会迅速冻成冰块，这得益于矿泉水本身的活性。帕米尔远古冰川矿泉水由于受到常年磁化，分子团破碎成由 5—7 个水分子构成的超小分子团，

雪山

形成了超强活性，即便在 -8℃
也不会结冰，这也是对人体最有
益的成分。

为何说帕米尔冰川矿泉水
与众不同呢？这主要体现在"五
超"上，即超洁净、超矿化、
超磁化、超渗透力和超弱碱性。
也正因这"五超"，使得帕米尔
远古冰川矿泉水比普通水更能
中和体内的酸性有害物质。一
瓶冰川水，就是一瓶体内净化
水。"超洁净"——慕士塔格峰
是全球离四大洋最遥远的地方，

帕米尔冰川矿泉水

海拔 7000 米高峰的极寒气候，使得冰川都来自于万年前的冰封。由
冰川深层流到山麓的地下水已数千年未与大气和海洋水交换，保留
着人类文明诞生之前的洁净，慕士塔格峰冰川水也因此被誉为"圣
山之水"。"超矿化"——远古地壳为帕米尔冰川水沉积了大量对
人体有益的元素，其中富含的稀有元素锶不仅能强壮骨骼，软化心
脑血管，促进血清睾酮水平提升，而且能阻止人体过量吸收钠（主
要是氯化钠，即食盐）；富含的偏硅酸是一种能软化血管的元素；
富含的钙有改善心血管的作用；富含的镁则能够强心镇定。"超磁
化"——历经数百万年，慕士塔格峰山体形成的天然磁场磁化了同
样拥有上万年寿命的冰川水，磁化水对镇静、镇痛、消炎、改善睡
眠及调节肠胃都具有辅助作用。"超渗透力"——帕米尔冰川水的
小分子团结构，使得水分子更容易穿透人体细胞的细胞膜通道，进
而深入细胞进行人体内环境的深层代谢，使得体内净化更彻底。

月圆之夜，独立帕米尔高原，感受古代丝绸之路的繁华，有一种

苍凉透背。茫茫雪域，群山与仙境相伴。滴滴圣水，冰雪与灵气共凝。
如此仙饮，当从天上而来。

飘香的马奶酒

中国是个有着深厚"酒文化"传统的古国，古往今来，关于酒的
故事数不胜数。历史的长河中，多少人成也在酒，败也在酒；赢也在
酒，输也在酒。可以说，酒是岁月轮回中不可缺少的角色，见证了跌
宕起伏的如歌岁月。当然，能让人大醉方醒就迫不及待地回忆的酒却
不是多数。或甘醇，或绵香，或浓烈，总是有那么一种酒，尝过之后，
思绪和记忆会被拉得很长很长……

马奶酒，尤其是新疆的马奶酒，远不同于用粮食酿造而成的高粱
酒，就像它的原产地一样，醉人却不伤人，神秘而又沉稳，总是那么
容易被人接受。走进一望无际的草原，极目地平线上平缓起伏的丘陵，

那拉提草原

卖酸奶的老人

很容易让人坠入一种顺应自然的传统氛围中。短暂的夏季是草原上马奶酒的季节。男人们会骑着马，轮流到各家的蒙古包去喝马奶酒，女人们则忙着精心酿制这种草原上特有的饮品。

地道的新疆人都知道，马奶酒自古以来在新疆就有着举足轻重的作用，它一直承担着游牧民族礼仪用酒的角色。关于它的由来，还要追溯到元朝的铁木真时代。相传铁木真的妻子在铁木真出征后，一边思念远征的丈夫，一边在家做奶制品。有一天，她在烧酸奶时，锅盖上水珠流到了旁边的碗里，她嗅到了特殊的奶香味。一尝，味美，香甜，还有一种飘飘欲仙的感觉。她渐渐地在生产生活中掌握了制酒的工艺，并简单地制作了酒具，亲手酿造。在铁木真做大汗的庆典仪式上，她把自己酿造的酒献给丈夫成吉思汗和将士们。大汗和众将士喝了以后，连声叫好。从此，成吉思汗把它封为御膳酒，起名叫赛林艾日哈。

实际上，马奶酒的制作方法并不复杂，掌握酝酿的时间是做出一桶高品质马奶酒的关键。将鲜马奶或骆驼奶收储于皮桶中，放进陈奶酒为曲，不时用木杆搅动，使之变热、升温、发酵，成为清净可口的饮料。马奶酒酒精含量不高，一般只有几度，酒性温和，不易醉人，而且含有丰富的蛋白质、矿物质和糖分，具有养生、健胃等多种功能。

传说柯尔克孜英雄玛纳斯行军打仗时，其部众主要也是以乳、肉充军粮。柯尔克孜人以饲养牛、羊、马、骆驼和牦牛提供生活所需的肉和乳，几乎一日三餐都离不开肉、奶和乳制品，小麦、青稞和蔬菜在他们的饮食中只是辅助食品。夏秋季，他们主要的饮食为鲜奶、酸奶酪、奶皮子、奶油、肉食和面食；冬春季，主要饮食是肉、酸奶疙瘩、酥油和面食等。他们一年四季皆离不开奶茶。当您走进柯尔克孜人的毡房，不论多少人，都围着餐布盘腿而坐，共同进餐。毡房有多大，餐布就有多大；客人有多少，食品就有多丰盛，这就是热情待客的柯尔克孜人。

马奶酒与其说是酒，倒不如说是牧民们夏天每日的主食。因为草原上的食品中，除了肉类以外，大部分的营养都来自这种马奶酒，不少男人每天要喝上好几公升，就连出生才几个月的孩子，奶瓶里喂的也是马奶酒。传统的蒙医还将马奶酒用于治疗各种疾病，据说对诸如高血压、糖尿病及肠胃病等许多疾病都有意想不到的疗效。所以，在蒙古的许多城市，都可以看到用马奶酒治病的诊所。特别是对于那些需要各种忌口的疾病，马奶酒可算是一种理想的药物了。

马奶酒甲醛含量几乎

马奶酒的"伴侣"——糕点

为零，故而奶酒饮后不上头，不伤胃，不损肝，无异象，被众多饮者誉为"豪饮不伤身"。男女老少喝马奶酒比饮其他酒时的酒量可以提高 1—2 倍，奶酒可以多喝一些是个不争的事实。

马奶酒

现在，奶酒不仅仅只在草原上能够品尝到，它已经走进我们的日常生活。除了传统的饮用方式，还有其他独特的饮用方法——可以加咖啡，成为美味的咖啡奶酒；可以加各种果汁，成为果汁奶酒；可以和其他白酒加冰后一起饮用；还可任意调配为各种鸡尾酒……在品尝美味奶酒的同时，还能体验到自己独创的好心情。

香飘越千年的慕萨莱思

唐人诗句"葡萄美酒夜光杯，欲饮琵琶马上催"中的"葡萄美酒"指的就是古西域的葡萄酒"慕萨莱思"，高昌王朝向唐朝廷进贡的"西域琼浆"也是此物。

慕萨莱思是南疆维吾尔群众普遍喜欢的一种饮料，其制作方法也十分独特。这种饮料完全是以鲜葡萄为原料酿成的汁，但却不是葡萄酒。它是阿瓦提盛产的一种民间传统饮品，在中国独一无二，是类似于葡萄酒的天然果汁，营养丰富，有活血化淤、温经生脉、补肾壮阳之功能，对健康极有益处，在民族医学上作为重要的药材治病，效果很好。

关于慕萨莱思的起源，流传着两个传奇故事，一个与爱情相连，另一个与友情相关。女人们喜爱的是关于爱情的传说，阿瓦提的女

晶莹剔透的慕萨莱思

人认为慕萨莱思和爱情是无法分开的。慕萨莱思陪伴着她们找到心
上人，走向结婚盛典，生儿育女……人生大事都离不开慕萨莱思。
传说叶尔羌王朝时期，美丽的姑娘阿曼古丽居住在叶尔羌河边。一
次邂逅让姑娘和英俊帅气的小伙子买买提明一见钟情。可当时的刀
郎人注定要迁移和漂泊，绿洲、草原是他们的生活所依。分手的时
候到了，一对恩爱的恋人依依不舍。最终，买买提明留下一句"秋
天葡萄熟了的时候，我会来接你"的誓言，离开了阿曼古丽。阿曼
古丽就这样期盼着。可是，葡萄熟了一年又一年，心上的人迟迟未
归。阿曼古丽只记得心上人说过，他们的爱情就像他俩亲手栽下的
葡萄树一样郁郁葱葱，就像葡萄架上的葡萄一样甘甜醉人。于是，
阿曼古丽想把他俩一起种下的葡萄保留下来，便想出了把葡萄烧煮
成葡萄汁来保存的方法，但她并不知道自己酿出的是酒。阿曼古丽
将她的想念、盼望和等待全部酿在酒中。此后，阿曼古丽年年酿制，
而且还送给买买提明家乡的人。一个痴情女子的爱情，化作了醇厚

的慕萨莱思。

　　而男人们则更愿意相信美酒与友情紧密相连。就是很平常的日子，村子里的男人们都会一起喝着慕萨莱思，谈论着人生与友情。今天喝自家酿制的酒，明天喝邻居家的慕萨莱思，这样的友情就像传说中木沙的故事。木沙也是叶尔羌王朝时期的人，他热情好客，即使在偏远的村庄也有他的朋友。有一年，他家里个大皮薄的红葡萄熟了，他想让朋友们来品尝，但朋友们因距离远，迟迟未到。眼看天气渐渐凉了，木沙害怕葡萄坏了，就把它们洗干净，放在坛子里，封住口，等待朋友的到来。就这样过了好久，有一天，朋友们终于来了，木沙杀鸡宰羊热情款待。饭吃到一半时，木沙突然想起坛子里封存的葡萄。众人帮他抬出坛子，打开一看，一股浓郁的香气扑面而来，曾经颗粒饱满的葡萄都变成了葡萄汁！木沙遗憾地说，我原本想请你们吃葡萄，现在葡萄都变成了葡萄汁了，尽管这样，你们还是来品尝一下吧！然后，每个人都倒了一碗，一饮而尽。未曾想，过了一阵，居然解了乏，

千年秘酿

心情也舒畅了许多。于是，大家跳起了热情的刀郎麦西热甫，远道而来的客人忘了旅途的劳累，好客的主人也忘了生活的艰难，大家尽兴地唱着跳着。从此，木沙的名气在刀郎人中间流传开来。每年葡萄熟了的时候，都会有刀郎人前来讨教如何酿酒，跟着木沙一起摘葡萄，一起挤出葡萄汁，装进缸里密封。耐心等待 40 天后，又是一个歌舞之夜。

真正的慕萨莱思来自于新疆阿瓦提县。阿瓦提土地辽阔肥沃，气候温暖，葡萄种植多且长势好，原料丰富。阿瓦提交通闭塞，一直保持民间土法酿制慕萨莱思。直到 20 世纪 50 年代，广大农村仍以慕萨莱思为唯一的酒类饮料，当地群众以醉人程度作为衡量慕萨莱思优劣程度的标准。由于慕萨莱思为纯手工制作，所以，每个人制作出来的口味都是独一无二的，无可重复和模仿。甚至同一个人用同一种技法，在不同的时间、地点里酝酿出的慕萨莱思的口味也截然不同。20 世纪 80 年代，农村最著名的酿酒师是阿瓦提县阿依巴格乡柯坪村的拜

聚会畅饮慕萨莱思

慕萨莱思品酒会

克·热西热普，能用一锅葡萄汁酿出 12 种不同味道的慕萨莱思。在阿瓦提的各个乡村和冬牧场上，慕萨莱思是维吾尔人民自己煮的营养物质最多、味道香甜、最令人兴致勃勃的一种安全饮料。在喜庆日子里、凯旋时、丰收中、婚庆节日或亲友聚会时，人们都以它为一种天然的饮品。慕萨莱思不勾不兑，纯真天然，加之营养丰富，历来是穆斯林群众喜爱的清真饮料。它为浓茶色，透明，甜中微苦，浓郁醇厚，回味悠长，具有独特的风味。

每一位阿瓦提人都是酿酒师。在乡间酒舍，要是谁说自己不会做慕萨莱思，那么从理论上推断：他肯定不是纯粹的阿瓦提人。阿瓦提刀郎人有两个宝：刀郎木卡姆和慕萨莱思。刀郎木卡姆奔放粗犷、豪情满怀，和慕萨莱思的味道一样，散发着刀郎人火一般的情怀。

在南疆的一些维吾尔人聚居的村庄，家家户户都酿慕萨莱思，就像江南水乡人家做米酒一样普遍。而且各家酿出来的味道又各不相同，这与酿酒人的年龄、性格和心情等有关，体现着酿酒人的气质和个性。

酿制慕萨莱思

老年人酿造的慕萨莱思，暮气沉沉，但值得细细品味。年轻人酿造的慕萨莱思，血气方刚，喝了让人热血沸腾。脾气暴躁的人酿造的慕萨莱思，容易上头，喝了嗓子眼都会冒火。性格温和的人酿造的慕萨莱思，让人顺畅、舒坦，喝得再多也不容易醉。正在恋爱的人酿造的慕萨莱思，含有玫瑰和蜂蜜的味道，人喝了之后喜笑颜开，忍不住想唱歌。失恋或离了婚的人酿造的慕萨莱思，带点苦涩，喝多的人会禁不住潸然泪下。

在已经失传了的"乡村慕萨莱思狂欢节"上，每户村民要献出一坛子上好的酒，倒在一个大缸里，混合成一种供全村人同饮的慕萨莱思。这象征了团结，就像缸里混合而成的酒。下酒菜是铁锅里煮着的大块的热气腾腾的牛羊肉。人们喝酒，唱歌，跳舞，持续3天3夜。第3天，村里德高望重的长者要出来说话。长者话里的意思是，慕萨莱思代表的是遗忘，大家喝了它，要把邻里之间、人与人之间的误会、怨恨和不愉快统统抛到九霄云外。忧愁的人从现在开始要快乐起来；生病的人要祈求上苍，明天一切都会好起来的；即使是罪人，慕萨莱思已洗刷了他的灵魂，从现在开始就做一个新人吧。

目前，阿瓦提县酿制慕萨莱思葡萄酒的农家作坊有300多家，此外还有20多家加工慕萨莱思的企业，每年慕萨莱思葡萄酒产量达3000多吨。随着慕萨莱思名气的打响，有些作坊用上了现代酿造工艺，或者为了使产品延长保存期而高温处理或掺入酒精。对此，艾则孜和毛拉艾买提老人直摇头。在他们眼里，只有自己动手，用心和情感酿造出来的才是真正阿瓦提人的慕萨莱思。

美味的新疆"土啤酒"——卡瓦斯

啤酒，这种餐桌必备、夏日必饮的饮品，不仅是男人们的宠儿，女人们也越来越喜欢。青岛的雪花，陕西的汉斯，宁夏的西夏，新疆的乌苏，这些在地方乃至全中国知名的品牌，正以地道的地方特色征服广大消费者的胃口。还有一些秘制的带有浓郁地方特色的"土啤酒"，比如卡瓦斯，在岁月的沉淀后，愈发醇香，以它独有的魅力吸引着人们。

在夏日的新疆，无论是繁杂的夜市、民族餐馆还是路边

刀郎烤鱼

卡瓦斯

的烤肉店，您都能见到一个类似于啤酒桶的大桶，上面写着"卡瓦斯"。点上一大杯，四五元钱，喝起来既有蜂蜜的甜美，又有啤酒的香醇，解渴又爽口，喝了以后还不醉，因为它不含酒精。这种纯天然饮料是俄罗斯族特有的民族饮品。提起俄罗斯族，在大多人的印象或是记忆里，能歌善舞就好像是俄罗斯族的全部了，其实不然。俄罗斯族的饮食文化更是独树一帜，蕴藏着崇尚自然的韵味。

新疆的塔城，是中国俄罗斯族聚居最多的地方。要了解他们的传统文化，应该从这种叫作卡瓦斯的俄罗斯饮品中去探寻。卡瓦斯是俄罗斯族传统饮食文化中的奇葩，早在 1000 多年前就已经出现了。当时人们将谷物捣碎，加水做成面团，放在陶器中加热，使部分谷物淀粉糖化，然后加水稀释，自然发酵。不过，那时的卡瓦斯只是俄罗斯贵族在宴请贵客时才饮用的饮料。18 世纪，随着俄罗斯族人大量涌入新疆塔城，卡瓦斯也随之落户此地。19 世纪中叶，俄国没落贵族将酿制工艺首次带入中亚各国及中国新疆的伊犁河谷、阿勒泰和塔城等地区。此后的 150 多年间，这些地区尤其是伊犁的俄罗斯族、维吾尔族、哈萨克族、回族、汉族等民族的群众均以各自的方法酿制，彼此间保持着工艺交流，最终演绎发展成为具有浓郁气质的卡瓦斯。现如今，在塔城的俄罗斯族人，无论贫富贵贱、男女老少，无论在田间地头、大街小巷，高兴了喝卡瓦斯，劳累了喝卡瓦斯，招待宾客喝卡瓦斯，赠送礼品还是卡瓦斯。

俗话说，"啤酒是液体面包"，说明它有营养。俄罗斯族的卡瓦斯，是用传统自制的黑面包做酵母混合发酵而成，原料均来自天然的蜂蜜、山楂果等，而且不含酒精成分，更有益于身体健康。因为卡瓦斯都是采用原始手工艺制成，所以家家户户都可以制作，成了家喻户晓的饮品。

"卡瓦斯"，有的地方也叫"格瓦斯"。卡瓦斯是俄文 квас 的汉译名，意为"发酵"，俗称蜂蜜鲜啤酒，发源于俄罗斯，是以山花蜜、啤酒花、谷物、白糖和黑糖等天然物质为原料，经多种乳酸菌、酵母菌复合发酵酿制而成的微醇性生物饮品。其口感醇香微甜，营养丰富，与德国啤酒、美国可乐和保加利亚布扎一起被誉为世界四大民族饮品。

由于卡瓦斯做法独特，产生的营养价值也不可小觑。科学研究表明，卡瓦斯中所含的大量维生素（B1、B2、C 和 D）有提神助兴、消除疲劳的功效。卡瓦斯酸甜可口，消暑解渴，还可以代酒祝兴，所以一经推出，深受男女老幼的喜爱和推崇。但传统工艺制作的卡瓦斯保存期非常短，即便现在使用保温桶保存，常温下也只能保存 3 天左右。饮用卡瓦斯时，应观察其是否透明，闻到的香味是否清淡，若浑浊不堪、发酵味浓烈，则说明已不是新鲜的卡瓦斯，口感较差，不宜饮用。

新疆的卡瓦斯比马奶酒和白酒更有吸引力。常喝卡瓦斯，可补充人体不可缺少的多种维生素，有效促进人体的消化功能。

格瓦斯

经过 100 多年的发展，卡瓦斯已经成为深受新疆各民族人民喜爱的一种俄罗斯风味的饮料，具有浓郁的民族历史特色。只要克服了不易贮藏保鲜这一难关，卡瓦斯一定可以走出新疆，走得更远。

新疆奶茶香飘万里

金秋，无论是天山北麓的辽阔草原，还是南疆塔里木盆地中的绿洲，在新疆每个阿吾勒（牧民集居的地方）的毡房里和乡村小镇的农舍中，都散发着奶茶的浓香。如果您去做客，热情好客的主人首先会端上喷香的奶茶，为您接风洗尘。

"无茶则病。""宁可一日无食，不可一日无茶。"奶茶是新疆少数民族日常生活中不可缺少的饮品。哈萨克、蒙古、维吾尔、乌孜别克、塔塔尔和柯尔克孜等民族都非常喜欢喝奶茶。哈萨克人家里来了客人，用奶茶待客是第一道程序。每碗奶茶都不盛满，并调好茶、开水、

水草丰美

盐水、牛奶和奶皮子的比例，这样喝起来，奶茶始终是滚烫的，而且味道鲜美。维吾尔人在给您端来大碗奶茶之后，往往还把馕饼掰成小块放入碗中，以示热情。少数民族牧民在待客时从来不用剩奶茶或凉奶茶，而是现烧现用。喝奶茶时，哈萨克人和蒙

新疆奶茶

古人都用小瓷碗，而维吾尔和锡伯等民族则喜欢用较大的瓷碗，不仅盛得多，而且奶皮子和鲜奶也放得多。

新疆酥油奶茶的制作也是很简单的。最好选用砖茶，因为用别的茶叶煮制的奶茶不会很正宗。茶叶要多些，浓茶煮出来的奶茶才好喝。把砖茶捣碎放到茶壶里，将茶壶放到火上烧开后过滤掉茶叶，加入一袋约 250 毫升的牛奶，煮沸后用汤勺不断地扬茶，差不多了就可以将盐加入壶中，也可以等奶茶倒入茶碗后自己加。既然是酥油奶茶，就要有酥油的味道。用小勺挖一块酥油放到茶碗里，用勺子搅拌。酥油化了之后，茶上会有一层油，喝到嘴里有一股酥油的香味。在新疆喝茶都有一个习惯，倒茶时要先给长辈们倒，要用双手递给长辈，长辈也要用双手来接茶。茶喝完了，如果还想喝的话，就把碗放在自己面前或餐布前，或主动把碗递给主人，主人会立即给您再倒一碗；如果不想喝了，就用双手把碗口捂一下，表示已经喝够了。如果主人劝您再喝一碗时，您还得用双手把碗口再捂一下，并说："热合买提，阔布西登。（谢谢，我喝好了。）"这时，主人就不会再给您添奶茶了。如果不懂这个礼俗，而总是把碗摆在餐布前，好客的主人就会不断地为您添奶茶，直到您表示确实不想再喝时为止。

给奶茶加盐

哈萨克和塔塔尔等民族烧制奶茶更有讲究，他们将茶水和开水分别烧好，各放在茶壶里。喝奶茶时，先将鲜奶和奶皮子放在碗里，再倒上浓茶，最后用开水冲淡。每碗奶茶都要经过这3个步骤，而每次都不把茶碗盛满，只盛多半碗，这样喝起来味道浓香又凉得快。到了冬季，有的哈萨克牧民还在奶茶里放一些白胡椒面。这种奶茶略带辣味，多喝可以增加体内的热量，提高抗寒能力。

在牧区和高寒地区，肉食较多，蔬菜较少，加之新疆冬春寒冷，夏秋干热，所以，冬春大量饮奶茶可以迅速驱寒，夏秋则可以驱暑解渴。牧区人口稀少，各个居民点之间距离较远。牧民外出放牧或办事，口渴时不容易找到饮料，离家前喝足奶茶，途中再吃些干粮，可以较长时间耐渴耐饿。此外，奶茶里既有茶又有奶，有时还放一些酥油，更是一种十分可口而富有营养的饮料。从事牧业生产的少数民族群众由于早出晚归，往往一天中只在家里做一顿晚饭，白天在外，只随带简便炊具，烧上奶茶代饭，一天要喝好几次奶茶。他们每喝一次奶茶，都讲究喝足、喝透，喝到出汗为止。在喝奶茶时，附带吃一些奶油、奶皮子、奶疙瘩、馕和肉等食品。一般在家招待客人时，也是先烧奶茶，附带吃一些奶制品和面制品，然后再煮肉做饭，让客人吃饱喝足。奶茶的原料是茶和牛奶或羊奶。不同民族、不同地区的群众，所选用的茶叶和制作方法也各有差异。哈萨克人喜欢喝米心茶，蒙古人喜欢喝青砖茶，塔吉克人喜欢喝红茶，而维吾尔、锡伯和塔塔尔等民族则喜欢喝茯砖茶。

这么多的味道，这么多的美食，这么多的吸引，这么多的难忘，这就是新疆！

味道新疆，入口的是美味，回忆的是悠远，记忆的是味道里的沉淀。

当年，那个远离中原的塞外之地；当年，那个响着驼铃的丝绸古道；当年，那个无数中国人为之激荡、为之吟诵"尚思为国戍轮台"的边疆……如今，这片占中国土地面积 1/6 的新疆，成为中国发展的热土，成为中国改革的前沿，成为中国崛起的符号。这一切，都蕴含在味道新疆里。

一个地方，没有强大的发展势头，没有强大的发展信念，没有强大的团结基础，它的文化符号很容易衰弱和消亡。作为文化符号的体现，这个地方的美食也很快成为历史。

马斯洛的需求层次理论很直观地告诉我们，只有吃饱了肚子，只有具备更高层次的精神追求，才有精力、有意愿去追求更好的美食。

近年来，不只是新疆本地人，就是来过新疆的游客也越来越感觉到，具有浓郁新疆风味的、体现新疆文化的各种美食不断地焕发出生命力，不断地走出新疆，走向全中国，走向世界！

新疆这个中国

待客美食——馓子

新疆特色餐厅

大家庭里不可或缺的一员，正在经历着最巨大的发展变化，正在经历着最繁荣的发展变化，正在经历着各族人民享受实惠最多的发展变化。这些发展变化让新疆人心暖了，气顺了，动力强了，信心足了，让老百姓有更多的精力、时间和资金去满足自己的舌尖享受。一道道美食，一种种味道，走向了我们的餐桌，走进了我们的记忆。

来吧，焕发出勃勃生机的新疆敞开双手欢迎四方宾朋！这里有许许多多的美食，这里有许许多多的发展机会，这里有许许多多的感动和记忆，等着每一个人来品尝，来回味！